IL TERZO ERRORE DI EINSTEIN

PRINCIPIO DI EQUIVALENZA

EVGENI BANTUTOV

Copyright © 2024 EV GENIUS

All rights reserved

The characters and events portrayed in this book are fictitious. Any similarity to real persons, living or dead, is coincidental and not intended by the author.

No part of this book may be reproduced, or stored in a retrieval system, or transmitted in any form or by any means, electronic, mechanical, photocopying, recording, or otherwise, without express written permission of the publisher.

CONTENTS

Title Page
Copyright
1. Introduzione.   1
2. Area di definizione.   3
3. Principio di equivalenza.   5
4. Prima legge di Newton.   15
5. Seconda legge di Newton.   24
6. Terza legge di Newton.   34
7. Legge di gravitazione di Newton.   46
8. Moto relativo a velocità costante.   49
9. Moto assoluto con accelerazione costante.   53
10. Attribuzione dei tipi di movimenti.   58
11. Sensazione dell'azione della forza.   82
12. Forza. Punto di azione dell'applicazione.   89
13. Tipi di forze. Manifestazione del potere. Causa effetto.   90
14. Principio di uniformità.   95
15. Rappresentazione grafica   98
16. Condizione di riposo relativo   103
17. Realtà tridimensionale. Realtà unidimensionale.   109
18. Sforzo. Accelerazione.   124
19. Campo di sforzo. Essenza fondamentale comune   130

dell'Unica Realtà Infinita.
20. Newton, gravità e campo di sforzo .   141
21 TEMPO   143

1. INTRODUZIONE.

Questo libro è scritto per i lettori che non hanno una formazione speciale in fisica.

Ci sono molte figure che mostrano e spiegano i problemi della fisica moderna. Non esistono formule matematiche complicate. È dimostrato che gran parte dei problemi della fisica moderna sono causati dalla teoria della relatività, creata da Einstein.

Einstein notò che quando un corpo si muove con accelerazione in un campo gravitazionale, il suo moto accelerato è identico al moto rettilineo uniforme , e che la massa pesante è sempre uguale alla massa inerziale.

Einstein usò questi due fatti e quindi il movimento con accelerazione può essere equiparato al movimento rettilineo uniforme. Ciò significa che i due tipi di movimento sono equivalenti e Einstein lo definì *Principio di Equivalenza* .

Einstein identificò il moto accelerato con il moto rettilineo uniforme e creò così la Teoria della Relatività Generale.

Si dovrebbe fare il contrario. Il moto rettilineo uniforme deve essere equiparato al moto accelerato. Allora il moto rettilineo uniforme è equivalente al moto accelerato. Quindi il moto rettilineo uniforme è un caso speciale di moto con accelerazione.

Einstein definì il Principio di Equivalenza e creò la Teoria Generale della Relatività. Il principio di equivalenza è definito in modo errato. Ciò crea enormi problemi alla teoria della relatività e una crisi alla fisica moderna.

Per creare la Relatività Generale è necessario utilizzare il Principio di Uguaglianza.

Dal principio di uguaglianza segue che:

La forza di attrazione gravitazionale definita da Newton **non è** una forza centrale. La forza di attrazione gravitazionale di Newton è una forza che agisce trasversalmente.

La legge di gravitazione di Newton è vera solo entro i confini del sistema solare.

Allora l'Energia Oscura e la Materia Oscura non esistono.

Esiste un numero infinito di diverse **"leggi di gravità"** e queste leggi si realizzano in **un campo di sforzo** .

Il campo dello sforzo è portatore dei derivati superiori della distanza e del tempo.

L'azione *MUTUALISACTION* si svolge nel **campo dello sforzo** .

Traduzione dallo slavo - cirillico bulgaro all'inglese:

ВЗАИМНОДЕЙСТВИЕ = MUTUALISACTION

2. AREA DI DEFINIZIONE.

Verrà effettuata un'analisi delle leggi fondamentali della Fisica. Per eseguire correttamente l'analisi è necessario creare un'apposita area di definizione. Il dominio della definizione è costituito da quattro principi assiomatici e una categoria filosofica.

I principi:

1- La realtà **esiste**.

2- La realtà è **riflessiva**.

3- La realtà è **infinita**.

4- La realtà è unica, unica.

Categoria filosofica:

Il concetto di **Una Realtà Infinita** è una categoria filosofica.

Spiegazioni:

- Il concetto di **Una Realtà Infinita** è una categoria filosofica che serve a denotare l'unità di coscienza e materia.

-**L'esistenza** è una categoria indipendente della filosofia della scienza. I non filosofi di solito oppongono in modo antagonistico la categoria dell'esistenza alla categoria della non esistenza. Di solito si risponde che ciò che non esiste si chiama nulla. Il passo successivo è analizzare le categorie **niente** e **qualcosa**. L'analisi di queste due categorie è estremamente difficile e le conclusioni non sono corrette.

Nell'ipotesi che presento, **l'esistenza** non è contraria alla non-esistenza. L'esistenza è una categoria aggiuntiva alla categoria **della riflessione**.

Esistenza e **Riflessione** sono una coppia di categorie.

Nell'ipotesi che presento, alle coppie di categorie della Dialettica di Hegel si sono aggiunte esistenza e riflessione.

Vedi Hegel, Fenomenologia dello spirito.

Vedi Todor Pavlov, "Teoria della riflessione".

- La categoria **Infinito** serve ad indicare la quantità infinita di qualità esistenti.

- La categoria **Singolo** serve a indicare l'unicità **dell'universale**.

La categoria **Singolo** è presente nel sistema della Logica Dialettica di Hegel.

La categoria **Singolare** fa parte delle tre categorie di Hegel: **singolare**, **speciale**, **generale**. Vedi Hegel, Fenomenologia dello spirito.

3. PRINCIPIO DI EQUIVALENZA.

Il principio di equivalenza è stato definito da Albert Einstein. Einstein utilizzò il Principio di Equivalenza per creare la Teoria della Relatività Generale. Il principio di equivalenza afferma che:

-la massa pesante e quella inerte di qualsiasi corpo fisico sono uguali e che:

- Il moto di un corpo accelerato in un campo gravitazionale equivale al moto rettilineo uniforme .

Questi sono due fatti importanti che sono posti alla base della Teoria della Relatività Generale. Utilizzerò le cifre per spiegare questi due fatti. Comincio spiegando l'uguaglianza della massa pesante e inerziale.

Vedere la Figura 1.

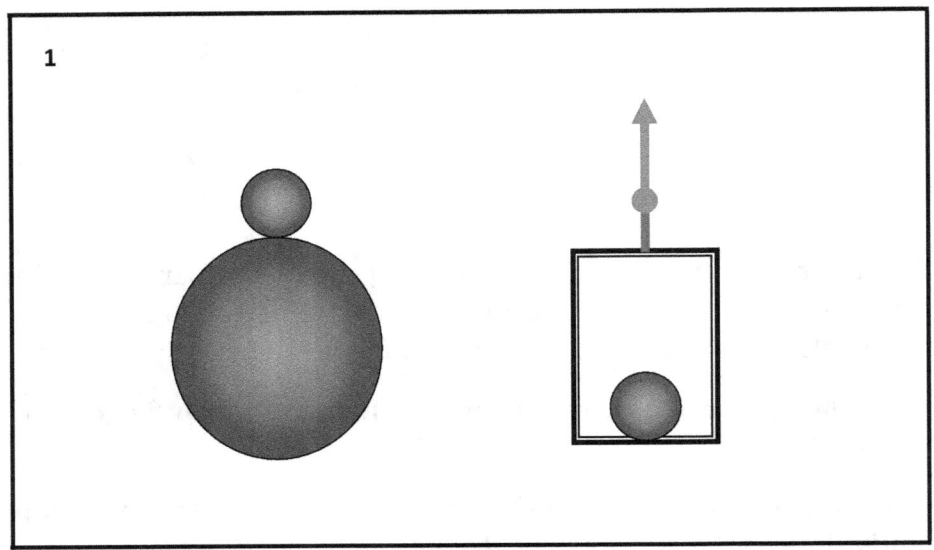

Nella parte sinistra della figura 1 sono mostrate due sfere, una piccola e una grande. La sfera piccola è posizionata sopra la sfera grande. Nella parte destra della figura uno è mostrato un ascensore e, ancora una volta, la stessa piccola sfera posizionata nella parte inferiore dell'ascensore.

L'ascensore e la piccola sfera si trovano nello spazio, dove non agiscono forze gravitazionali.

La grande sfera è il pianeta Terra. La piccola sfera è un corpo di prova che si trova sulla superficie del pianeta Terra. La piccola sfera ha un peso che viene chiamato **massa pesante**. La piccola sfera che si trova sulla superficie del pianeta Terra è esattamente la stessa della piccola sfera che si trova nella parte inferiore dell'ascensore. L'ascensore è attaccato ad una corda marrone. All'estremità della corda marrone agisce una forza rossa che tira l'ascensore nella direzione mostrata. La forza applicata all'estremità della fune è tale che l'ascensore si muove con un'accelerazione pari a nove metri interi e otto decimi al secondo quadrato. Quando l'ascensore si muove nella direzione indicata con un'accelerazione pari a nove interi otto decimi di metro al secondo quadrato, la piccola sfera nella parte inferiore dell'ascensore avrà un peso. Questo peso è chiamato **massa inerziale**.

La massa pesante della piccola sfera che si trova sulla superficie del pianeta Terra è uguale alla **massa inerziale** della piccola sfera che si trova nella parte inferiore dell'ascensore.

Vedere la Figura 2.

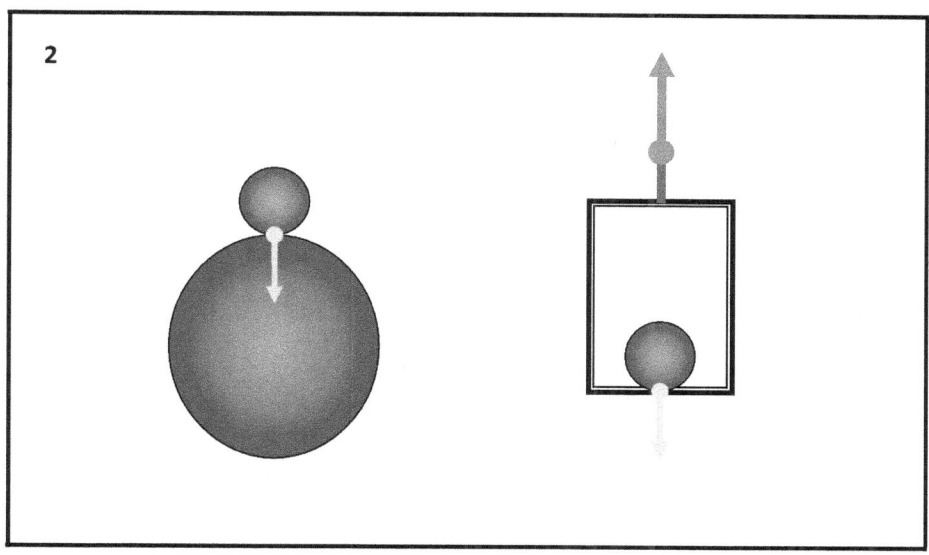

Nella Figura 2, viene mostrata la piccola sfera sulla superficie del pianeta Terra, che preme sulla superficie terrestre con la sua **massa pesante** . La freccia verde è la forza di pressione. Nell'immagine è mostrata la piccola sfera nell'ascensore che spinge la parte inferiore dell'ascensore attraverso la sua **massa inerziale** . La freccia verde sotto l'ascensore indica l'entità e la direzione della spinta. Le due sferette sono uguali, la lunghezza delle frecce verdi è la stessa, il che significa che **la gravità e la massa inerziale** della sfera piccola sono le stesse.

La ragione dell'uguaglianza delle **masse pesanti e inerziali** è il fatto che l'accelerazione gravitazionale della terra è pari a nove interi otto decimi di metro per secondo quadrato, e anche l'accelerazione con cui l'ascensore si muove in direzione verticale è pari a nove interi otto decimi di metri, al secondo per quadrato.

In breve, **la massa pesante** è sempre uguale alla **massa inerziale**.

Possiamo verificare l'uguaglianza tra massa pesante e massa inerziale. Usiamo due scale precise.

Vedere la Figura 3.

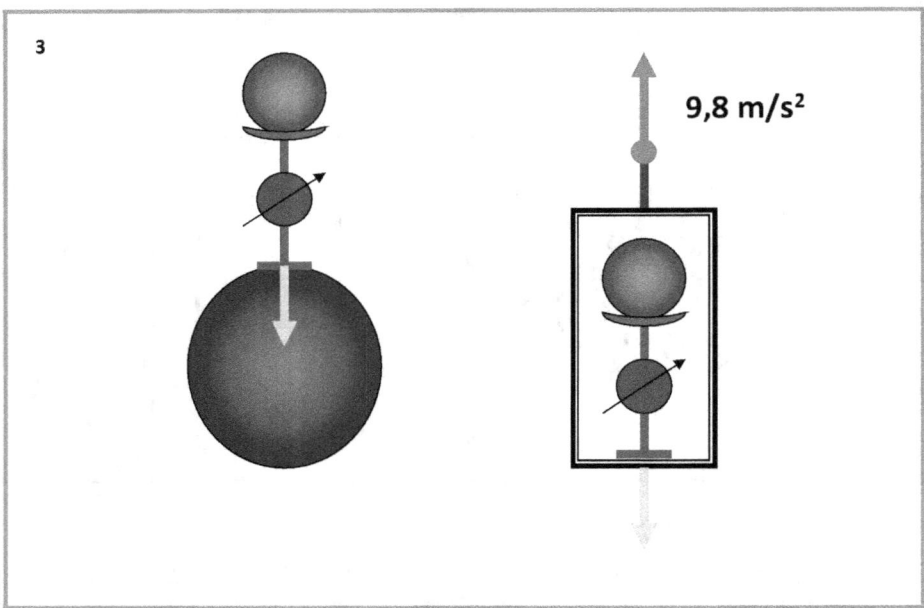

La Figura 3 mostra due scale identiche. La bilancia è dotata di display blu per la lettura del peso, base marrone e piatto di appoggio marrone.

Guarda il lato sinistro dell'immagine. La base della scala è sulla superficie terrestre. Sopra la scala è posta la piccola sfera. La freccia nera indica il peso della piccola sfera. Una scala posta sulla superficie terrestre misura **la massa pesante** della piccola sfera.

La stessa scala è posta sul fondo dell'ascensore. La piccola sfera è posizionata sulla bilancia. La freccia nera indica il peso della piccola sfera. La bilancia nell'ascensore misura **la massa inerziale** della piccola sfera. Le frecce nere su entrambe le scale indicano lo stesso peso. **La massa pesante** della sfera piccola è uguale alla **massa inerziale** della sfera piccola. Le basi di entrambe le scale premono equamente. Le due frecce verdi sotto le basi delle scale hanno la stessa lunghezza.

Il secondo fatto importante nel Principio di Equivalenza è che:

- Il moto di un corpo accelerato in un campo gravitazionale equivale al moto rettilineo uniforme .

Per spiegare questo fatto, condurremo un esperimento mentale, con un ascensore e un passeggero che si muove insieme all'ascensore. Sfortunatamente, ad un certo punto, la corda si rompe.

Vedere la figura 4.

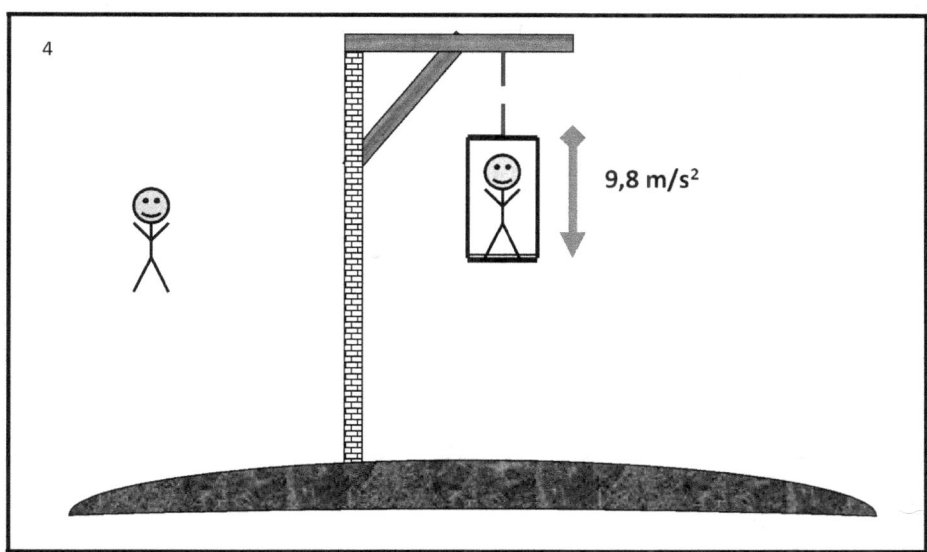

Nella figura 4 è mostrata una porzione della superficie terrestre, un robusto sostegno verticale su cui è fissata una trave orizzontale. L'ascensore è legato alla trave. La corda è rotta. Per la nostra considerazione, non è importante se l'ascensore era in movimento o fermo nel momento in cui la fune si è rotta. L'importante è che l'ascensore comincerà a cadere verso la superficie terrestre e si muoverà con un'accelerazione di nove interi otto decimi di metro quadrato. Il motivo di questa caduta con accelerazione è che l'ascensore e il passeggero al suo interno si trovano nel campo gravitazionale della Terra e sperimentano l'azione della forza di attrazione gravitazionale della Terra. L'ascensore non ha finestre e il passeggero nell'ascensore non può sapere che si sta muovendo con accelerazione. Il passeggero nell'ascensore è in uno stato di assenza di gravità. Il passeggero nell'ascensore sarà convinto di trovarsi in uno stato di riposo o di moto rettilineo uniforme e su di lui non agiscono forze che provochino l'accelerazione. Un secondo osservatore si trova all'esterno dell'ascensore e vede che l'ascensore si muove con accelerazione. L'osservatore fuori dall'ascensore non può convincere il passeggero all'interno dell'ascensore che si sta muovendo con accelerazione verso la superficie terrestre.

Va notato che esperimenti mentali simili con gli ascensori furono condotti da Einstein per chiarire la natura dei sistemi di riferimento inerziali e non inerziali. Questi esperimenti mentali aiutarono Einstein a definire il Principio di Equivalenza.

Einstein utilizzò **il principio di equivalenza** per creare la Teoria della Relatività Generale.

La Relatività Generale è una teoria del tempo e dello spazio. La Teoria della Relatività Generale mostra quali sono le leggi della meccanica e come funzionano in sistemi di riferimento non inerziali. I sistemi di riferimento non inerziali sono quei sistemi di coordinate che si trovano in uno stato di movimento con accelerazione. La fisica moderna ed Einstein sostengono che il movimento accelerato è assoluto e quindi differisce dal movimento relativo. La differenza tra il moto assoluto con accelerazione da un lato e il moto relativo uniforme dall'altro è un problema molto grosso che non consente di creare la Teoria della Relatività Generale. Il problema è risolto dal Principio di Equivalenza

Le leggi del moto relativo uniforme sono un principio della Teoria della Relatività Ristretta. Dalla storia della fisica sappiamo che Einstein creò prima la Teoria della Relatività Speciale, poi la Teoria della Relatività Generale.

La Relatività Speciale, come la Relatività Generale, è una teoria del tempo e dello spazio. Ma a differenza della Relatività Generale, la Relatività Speciale mostra quali sono le leggi della meccanica, e come funzionano, in sistemi di riferimento inerziali. I sistemi di riferimento inerziali sono quei sistemi di coordinate che si trovano in uno stato di riposo o in uno stato di movimento rettilineo uniforme.

L'11 luglio 1923 Albert Einstein tenne un discorso a Göteborg, prima dell'incontro degli scienziati naturali dei paesi nordici, sul tema: "Grundgedankenund und probleme der Relativatatstheorie".

Il rapporto è stato pubblicato nel libro: "Les Prix Nobel en 1921-1922" Stoccolma, Imprimerie Royale, PA Norstedt & Soner.

In questo rapporto, Einstein dice:

"Nella meccanica classica la distinzione tra moti accelerati e non accelerati è assoluta. Ci sono solo velocità relative che dipendono dalla scelta del sistema di riferimento inerziale, e le accelerazioni e le rotazioni sono assolute, indipendenti dalla scelta del sistema di riferimento inerziale.

Più di cento anni fa Einstein attirò l'attenzione dei ricercatori sulla differenza essenziale tra movimento relativo e movimento assoluto. La differenza tra movimento assoluto e movimento relativo è un ostacolo alla creazione di una teoria generale della relatività. Einstein tentò di risolvere il problema equiparando il moto assoluto con l'accelerazione al moto relativo con velocità costante. Filosoficamente parlando, questo è un errore. Einstein avrebbe dovuto procedere nella direzione opposta, vale a dire equiparare il movimento relativo a velocità costante con il movimento assoluto ad accelerazione costante. Perché ciò accada, Einstein deve rappresentare, mostrare, esprimere il movimento relativo a velocità costante mediante movimento assoluto ad accelerazione costante.

Einstein usò il Principio di Equivalenza per equiparare il movimento assoluto con l'accelerazione, che è un principio della Relatività Generale, al movimento relativo, che è un principio della Relatività Speciale.

Questo è ciò che dice Einstein nel libro "Evoluzione delle idee in fisica":

"La vera fisica relativistica deve applicarsi a tutti i sistemi di coordinate, e quindi anche al caso speciale di un sistema di coordinate inerziale. Le nuove leggi **generalizzate** , valide per tutti i Sistemi di Coordinate , **devono essere** ridotte alle **vecchie leggi familiari** , **nel caso speciale** di un sistema inerziale."

Il testo blu è:

"Quelli nuovi le leggi **valide** per tutti i sistemi di coordinate **sono** ridotte A leggi , di un sistema inerziale".

Secondo Einstein, **le nuove leggi della fisica** sono vere nei sistemi di coordinate che si muovono con accelerazione.

Il principio di equivalenza viene utilizzato per ricondurre il moto assoluto al moto relativo, ma ciò non basta. Viene utilizzato un altro fatto molto importante.

Un sistema di coordinate inerziali che entra in un campo gravitazionale inizia a muoversi con accelerazione, ma per gli osservatori che si trovano su quel sistema di coordinate inerziali non cambia nulla.

Gli osservatori non percepiscono il movimento con l'accelerazione. Gli osservatori sono convinti che il loro sistema di coordinate continui ad essere inerziale e che continui a muoversi in modo uniforme e in linea retta.

Questo è ciò che dice Einstein nel libro "Evoluzione delle idee in fisica":

"**Ma per una tale descrizione dobbiamo tenere conto della gravità, costruendo, per così dire, il ponte che permette di passare da un sistema di coordinate all'altro. Il campo gravitazionale esiste per l'osservatore esterno, ma non esiste per l'osservatore interno**".

Poi:

"**Ma il ponte, cioè il campo gravitazionale, che rende possibile la descrizione in due diversi sistemi di coordinate, poggia su un pilastro molto importante: l'uguaglianza della massa pesante e inerziale. Senza questo filo conduttore, che è passato inosservato nella meccanica classica, la nostra logica attuale sarebbe completamente sbagliata**".

L'uguaglianza della massa pesante e inerziale e il movimento di un sistema di riferimento inerziale in un campo gravitazionale sono due delle meravigliose idee di Einstein. Einstein usò queste due idee per ridurre il movimento assoluto con accelerazione al movimento inerziale relativo. Questo è il percorso intrapreso da Einstein, che ha creato la Teoria della Relatività Generale.

Da un punto di vista filosofico il metodo di Einstein subisce serie critiche. Einstein avrebbe dovuto fare esattamente il contrario, cioè cercare di ridurre il moto inerziale relativo al moto assoluto con accelerazione.

Nell'ipotesi che presento, io e te faremo esattamente questo.

A questo scopo, analizzeremo le leggi fisiche di base e trarremo conclusioni sull'essenza di queste leggi.

4. PRIMA LEGGE DI NEWTON.

Nel 1868 Newton pubblicò il libro

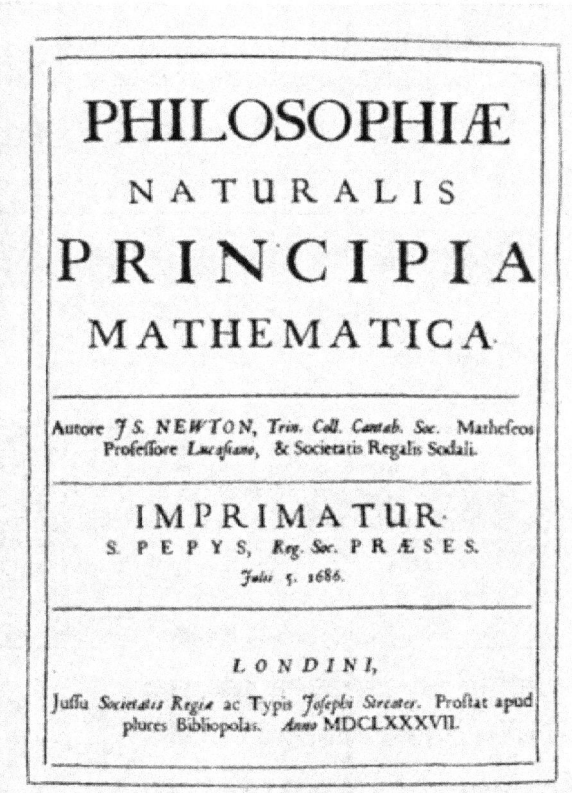

in cui vengono definite le leggi fondamentali della Fisica. Il titolo del libro:

> # PHILOSOPHIAE NATURALIS PRINCIPIA MATHEMATICA

,
è tradotto in cirillico slavo-bulgaro, come segue:

> „Математически принципи на физиката"

Le leggi di Newton vengono studiate a scuola e sono conosciute come "Le tre leggi di Newton".

In latino la prima legge di Newton si scrive così:

> „Corpus omne perseverare in statu suo quiescendi vel movendi uniformiter in directum, nisi quatenus illud a viribus impressis cogitur statum suum mutare"

La traduzione dal latino, in cirillico slavo-bulgaro, è scritta come segue:

> „Всяко тяло продължава да запазва своето състояние на покой или равномерно праволинейно движение, докато и доколкото, то не е принудено да промени това състояние, от приложените сили"

La traduzione dal latino all'inglese molto probabilmente è scritta così:

> "Every body continues to be held in its state of rest, or uniform and rectilinear motion, until and insofar as it is compelled by applied forces to change this state."

Dal latino al russo, nel libro c'è una traduzione fatta dall'accademico Krylov:

> ИСААК НЬЮТОН
>
> «МАТЕМАТИЧЕСКИЕ НАЧАЛА НАТУРАЛЬНОЙ ФИЛОСОФИИ»
>
> ПЕРЕВОД С ЛАТИНСКОГО И КОММЕНТАРИИ А.Н. КРЫЛОВА

La traduzione in russo è scritta così:

> "Всякое тело продолжает удерживаться в своем состоянии покоя или равномерного и прямолинейного движения, пока и поскольку оно не понуждается приложенными силами изменять это состояние"

Prima legge di Newton:

"Qualsiasi corpo continua a conservare il suo stato di quiete o di moto rettilineo uniforme, finché e nella misura in cui è costretto a modificare tale stato da forze applicate."

Abbastanza deliberatamente mostro la traduzione dal latino, in diverse scritture.

Il motivo è che ciò che dice Newton è molto importante. Il modo in cui lo dice è importante.

Vale a dire:

La prima legge di Newton è composta da due parti. La prima parte della legge di Newton determina lo stato del corpo nello spazio e nel tempo quando al corpo non **viene applicata alcuna "forza"** . Newton sosteneva che quando è sul corpo **non agisce "forza applicata"** , il possibile stato del corpo è di riposo o di moto rettilineo uniforme. Newton non spiega come avviene la quiete o il movimento. Per Newton è importante il fatto che questi due stati rimangano costanti sia nel tempo che nello spazio. Il metodo per salvare entrambi gli stati è lo stesso. Ciò significa che la ragione per mantenere lo stato di riposo o lo stato di movimento è la stessa. Quando **la causa di conservazione** di questi due diversi stati è la stessa, allora rimuovendo la causa di conservazione cambierà il resto o il movimento allo stesso modo.

Dobbiamo ricordare che la ragione specifica della conservazione della quiete o del moto, secondo Newton, è **l'assenza** di **una "forza applicata"**.

si verifica l'azione di **una "forza applicata"** , lo stato di quiete o di moto cambia. In questo modo Newton conferma il fatto che **la ragione del mantenimento** dello stato di quiete o di moto è **l'assenza dell'azione della "forza applicata"** .

La prima legge di Newton gettò le basi della scienza della fisica. Da un punto di vista filosofico la prima legge di Newton è stata pesantemente criticata. La critica è legata all'essenza del fenomeno del movimento e all'essenza del fenomeno del riposo:

La prima legge di Newton non distingue tra lo stato di quiete di un corpo e lo stato di moto rettilineo uniforme dello stesso corpo. Per dirla brevemente e chiaramente, secondo la prima legge di Newton, lo stato di riposo è identico allo stato di moto, purché il moto sia uniforme e rettilineo.

Nella scienza, nella filosofia, il fenomeno del movimento e il fenomeno della quiete sono fondamentalmente diversi e questi fenomeni hanno essenze diverse. L'identità di questi fenomeni fondamentalmente diversi crea problemi a tutta la fisica moderna. Questi problemi possono essere specificati in una varietà di divisioni della fisica. Un tipico esempio a questo riguardo è la Teoria della Relatività Speciale. Si tratta del paradosso dei gemelli. Il paradosso dei gemelli, definito da Einstein, afferma che quando uno dei due gemelli si muove in modo uniforme e in linea retta rispetto all'altro gemello, il gemello che si muove invecchia più lentamente perché il tempo **rallenta**. L'unica ragione del ritardo è il fatto che questo gemello è in uno stato di movimento relativo rispetto all'altro gemello. Questa ipotesi è divertente, interessante, paradossale, facile da ricordare e suscita l'interesse di gran parte dei lettori. Ma ci tengo subito a precisare che il vero paradosso dei gemelli non è il fatto che ci sia una differenza di età tra i gemelli. Il vero paradosso dei gemelli si riduce al fatto che ciascun gemello può affermare di invecchiare più lentamente e di rimanere più giovane, mentre l'altro invecchia più velocemente. La ragione di questo malinteso è la prima legge di Newton. Sottolineo ancora una volta che la prima legge di Newton non distingue tra lo stato di quiete e lo stato di moto rettilineo uniforme.

Vedere la figura 5.

Nella figura 5 vengono mostrati due gemelli e una piattaforma. La piattaforma ha ruote e può muoversi. Il gemello che si trova sul lato destro della figura è salito sulla piattaforma. La piattaforma, insieme alla gemella su di essa, si muove da sinistra a destra, uniformemente in linea retta, ad una certa velocità. La direzione e l'entità della velocità sono indicate da una freccia blu. Il gemello sulla piattaforma dice all'altro:

"Mi muovo verso di te, fermo e dritto, e invecchio più lentamente."

Ma l'altro gemello, che si trova sul lato sinistro della figura, obietta:

"Oh no, quello che dici non è vero, mi sto muovendo verso di te. Ti osservo attentamente e vedo che ti allontani da me a velocità costante".

Il gemello destro risponde:

"Sono su una piattaforma e le ruote di quella piattaforma girano, quindi sono in movimento rispetto a te."

Quindi la disputa sembrava già risolta, a favore di un gemello? Sì, è risolto, ma le condizioni dell'esperimento sono violate.

Stiamo conducendo un esperimento che, per condizione, mira a dimostrare solo ed esclusivamente il movimento relativo, uniforme, rettilineo dei gemelli l'uno rispetto all'altro. Le ruote della piattaforma ruotano e il loro movimento rotatorio non è uniforme, non è rettilineo. Secondo la fisica moderna, il movimento rotatorio delle ruote è assoluto e devono essere escluse dall'esperimento che stiamo conducendo. Il paradosso dei gemelli si riferisce, solo e soltanto, ad uno **stato di moto relativo, a velocità costante, in linea retta**.

Il vero esperimento sarà simile a questo.

Vedere la figura 6.

Nella figura 6 sono mostrati i due gemelli e le due piattaforme. I gemelli sono sulle piattaforme. Le piattaforme non hanno ruote perché si trovano nello spazio. Le due piattaforme e i gemelli sono in uno stato di assenza di gravità. La piattaforma di destra, insieme alla gemella su di essa, si muove su una linea retta uniforme. La freccia blu mostra la direzione della velocità e l'entità della velocità. È deserto, completamente vuoto, e i gemelli possono determinare la velocità l'uno rispetto all'altro semplicemente osservandosi a vicenda. In queste condizioni, ciascuno dei gemelli può affermare di muoversi mentre l'altro è fermo.

Ciascuno dei gemelli può utilizzare dispositivi di misurazione per determinare la velocità relativa dell'altro gemello. Ad esempio, è possibile utilizzare i moderni misuratori di velocità laser.

Vedere la figura 7.

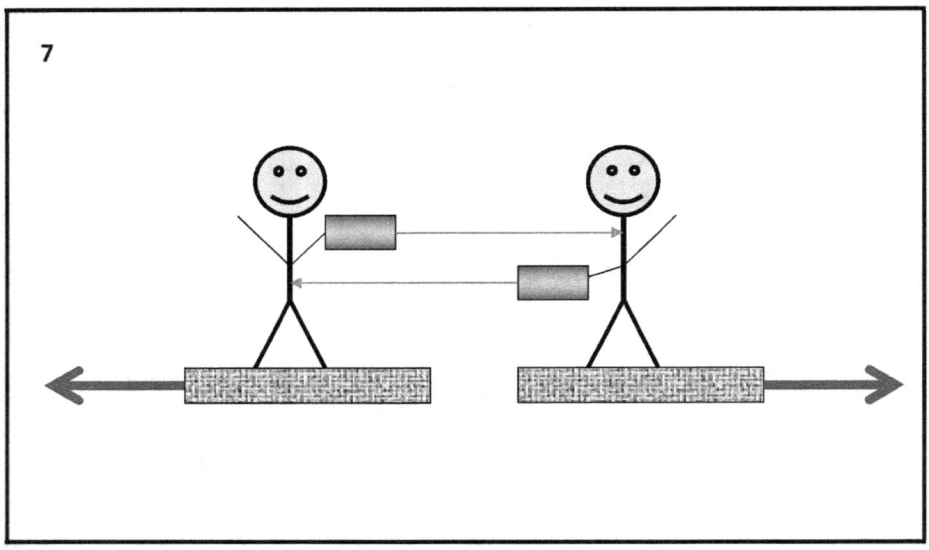

La Figura 7 mostra i gemelli che utilizzano misuratori di velocità laser. Le frecce rosse e sottili sono raggi di luce laser. In questo caso, verrà misurato che ciascuno dei gemelli si muove in modo uniforme e in linea retta rispetto all'altro gemello. La velocità misurata dai gemelli sarà la stessa, ma la direzione della velocità misurata sarà opposta.

Il gemello destro affermerà di muoversi da sinistra a destra, il gemello sinistro affermerà di muoversi da destra a sinistra.

Le due frecce blu indicano la direzione della velocità misurata. La lunghezza delle frecce indica l'entità della velocità misurata.

Presta particolare attenzione al fatto che le dimensioni delle frecce sono le stesse, ma le direzioni sono diametralmente opposte.

Posti in queste condizioni, i gemelli non riescono a determinare quale dei due sia fermo e quale sia in movimento. Ecco un altro paradosso. Vediamo che il paradosso dei gemelli è composto di due parti, che sono due paradossi fondamentalmente diversi.

Il primo paradosso è che un gemello invecchia più velocemente dell'altro. Questo è il paradosso di Einstein.

Il secondo paradosso è che è in linea di principio impossibile dimostrare quale dei due gemelli sia in quiete e quale sia in uno stato di moto rettilineo uniforme.

Da un punto di vista filosofico, il secondo paradosso è estremamente interessante ed è di particolare importanza. Si chiama **il paradosso del movimento e della quiete.** Il paradosso dei gemelli, sottolineato da Einstein, è un caso speciale del **paradosso del movimento e della quiete.**

L'unica ragione per la comparsa e l'esistenza del **paradosso del movimento e della quiete** è che la prima legge di Newton è definita in modo tale da non distinguere tra lo stato di riposo e lo stato di moto rettilineo uniforme. **Il paradosso del movimento e della quiete** è come un demone malvagio che vive nelle fondamenta della fisica moderna. Questo demone influenza tutta la scienza umana.

5 . SECONDA LEGGE DI NEWTON.

In latino la seconda legge di Newton si scrive così:

> „Mutationem motus proportionalem esse vi motrici impressae et fieri secundum lineam rectam qua visilia imprimitur".

In cirillico bulgaro slavo:

> „Изменението на количеството на движение, е пропорционално на приложената движеща сила и се извършва по тази права по която тази сила действа"

In inglese:

> "The change in momentum is proportional to the applied driving force and occurs in the direction of the straight line along which this force acts"

In russo:

> „Изменение количества движения пропорционально приложенной движущей силе и происходит по направлению той прямой, по которой эта сила действует"

Seconda legge di Newton:

"La variazione dell'entità del movimento è proporzionale alla forza motrice applicata e viene effettuata in base al diritto su cui agisce tale forza" .

Nella sua opera magnum, Philosophiae Naturalis Principia Mathematica, Newton definì la seconda legge della fisica in cui dimostrò la relazione tra le quantità fisiche. La prima quantità è **la quantità di movimento** , la seconda quantità è **la forza motrice applicata** . La relazione tra la **quantità di movimento** e la quantità di **forza motrice applicata** si riduce a due fenomeni specifici.

Il primo fenomeno è **la proporzionalità** tra quantità di movimento e forza applicata.

Il secondo fenomeno è **un cambiamento nella quantità di movimento** .

Newton significa che la quantità di movimento è direttamente proporzionale alla forza ed è direttamente proporzionale alla forza motrice.

Così come viene enunciata, la seconda legge della fisica indica che, per Newton, **la forza motrice applicata** è il fenomeno che **provoca il** verificarsi del fenomeno della **variazione** della **quantità di moto** . Da notare il fatto che, detto così, indica la presenza di quattro diverse grandezze fisiche.

Il primo è la forza applicata.

La seconda è una forza trainante.

Il terzo è la quantità di movimento.

Il quarto è un cambiamento nella quantità di movimento.

Le nuove quantità fisiche sono quattro, ma per Newton la cosa più importante è che **la forza faccia** apparire il **cambiamento** nella quantità di movimento . Questo fatto è confermato nella seconda parte della definizione di legge fisica, in latino:

> "...et fieri secundum lineam rectam qua visilia imprimitur".

In cirillico bulgaro slavo :

> „...и се извършва по тази права по която тази сила действа".

In inglese:

> „...and occurs in the direction of the straight line along which this force acts"

In russo:

> „...и происходит по направлению той прямой, по которой эта сила действует"

Traduzione dal cirillico slavo-bulgaro in un'altra lingua:

"...e lo fa per quel diritto con cui quel potere agisce".

Newton, in modo breve e chiaro, afferma che **la variazione** della quantità di movimento avviene in linea retta e ha una direzione. La direzione del cambiamento nella quantità di movimento coincide con la direzione della forza agente. Detto questo è estremamente importante.

La definizione di Newton è perfetta. Dico questo perché nella fisica moderna la definizione di Newton viene presentata in un altro modo e la perfezione scompare.

Nella fisica moderna, la seconda legge di Newton è scritta come:

"La forza è uguale al prodotto della massa del corpo per

l'accelerazione del corpo."

Definita in questo modo, la seconda legge di Newton subisce gravi critiche, dal punto di vista della filosofia della scienza. La critica filosofica è in relazione alla subordinazione delle tre quantità fisiche che rappresentano tre diversi fenomeni nell'Unica Realtà Infinita.

I tre fenomeni sono: Forza, Massa, Accelerazione.

Vedere la figura 8.

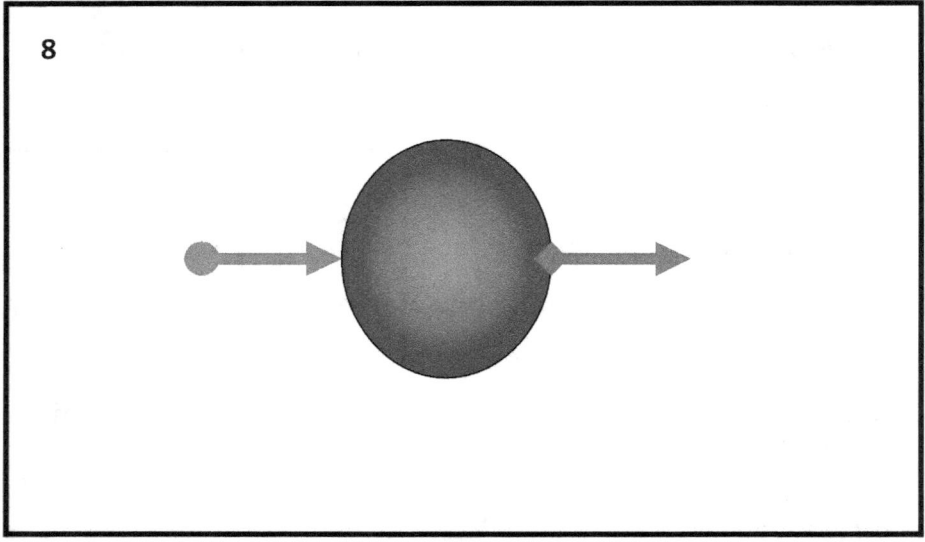

Nella figura 8 è mostrata una sfera che ha una certa massa. La dimensione della massa nel caso specifico non ha importanza. Alla sfera viene applicata una forza. La forza è mostrata con una freccia rossa. La lunghezza della freccia rossa indica l'entità della forza. Sotto l'azione della forza rossa, la sfera si muove con accelerazione. L'accelerazione è mostrata con una freccia verde. La lunghezza della freccia verde indica l'entità dell'accelerazione. L'entità della forza che agisce sulla sfera può essere molto diversa. Se usiamo il doppio della forza, l'accelerazione della sfera sarà due volte maggiore.

Vedere la figura 9.

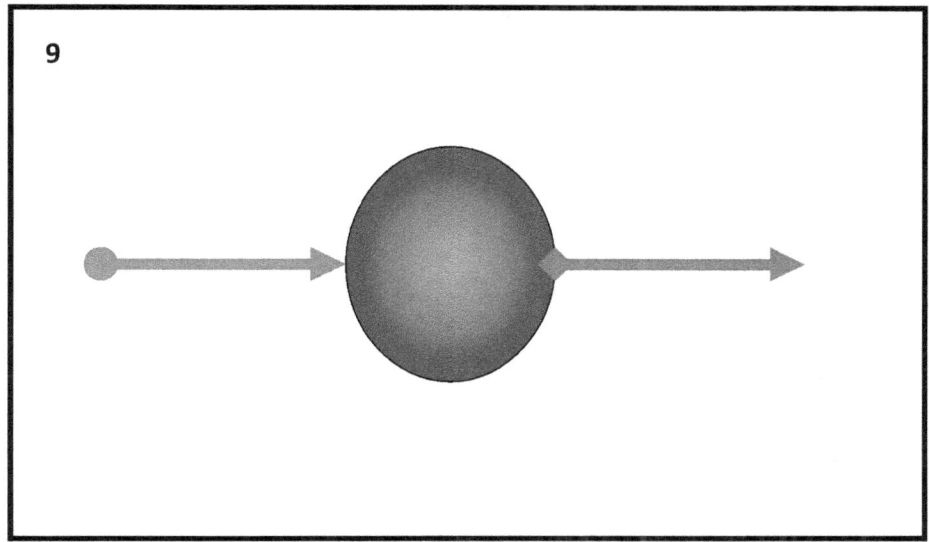

Nella figura 9 è mostrato che la forza rossa è due volte più grande rispetto alla forza della figura quattro, quindi anche l'accelerazione è due volte più grande. La freccia verde mostrata nella figura cinque è due volte più grande della freccia verde nella precedente figura quattro.

Possiamo anche cambiare la dimensione della sfera. Se usiamo il doppio della dimensione della sfera e non cambiamo l'entità della forza, l'accelerazione sarà due volte più piccola.

Vedere la figura 10.

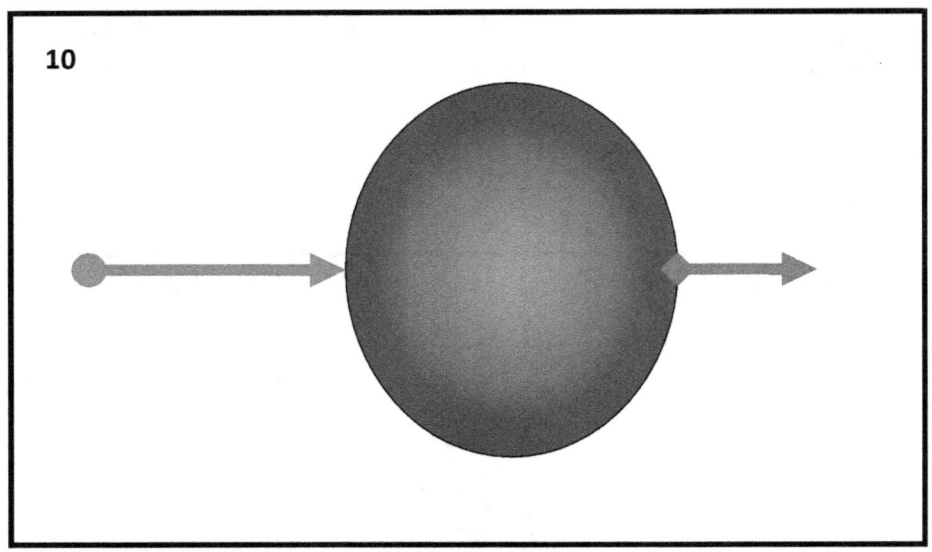

Nella Figura 10 viene mostrata una sfera due volte più grande che è due volte più pesante. La forza rossa non è cambiata, ma l'accelerazione, che è la freccia verde, è due volte più piccola rispetto alla precedente figura cinque.

Siamo in grado di realizzare una varietà di combinazioni tra forza, peso della sfera e accelerazione della sfera. Tutte le possibili combinazioni tra queste tre quantità fisiche saranno in accordo con la seconda legge di Newton rappresentata dalla fisica moderna, vale a dire:

La forza è uguale al prodotto della massa della sfera per l'accelerazione della sfera.

La questione filosofica sulla seconda legge di Newton è:

Quale di queste tre grandezze fisiche è primaria?

Sono possibili diverse risposte.

La prima delle risposte possibili è che la Forza è primaria. Perché se osserviamo una sfera su cui non viene applicata alcuna forza, la sfera non si muoverà con accelerazione, sarà ferma. Applichiamo

IL TERZO ERRORE DI EINSTEIN

una forza alla sfera e quindi si verifica un'accelerazione della sfera. Pertanto, la forza è la cosa che deve apparire per prima affinché l'accelerazione appaia per seconda. La forza provoca l'accelerazione.

Ma qui la filosofia pone immediatamente la domanda successiva, vale a dire:

Come appare il potere?

La risposta è che affinché appaia una forza che possa agire sulla sfera, è necessario un certo movimento. Il movimento può essere uniformemente rettilineo o accelerato. Potrebbe essere un'altra sfera che si muove uniformemente in linea retta, o che si muove con accelerazione, verso la sfera con cui stiamo sperimentando.

Vedere la figura 11.

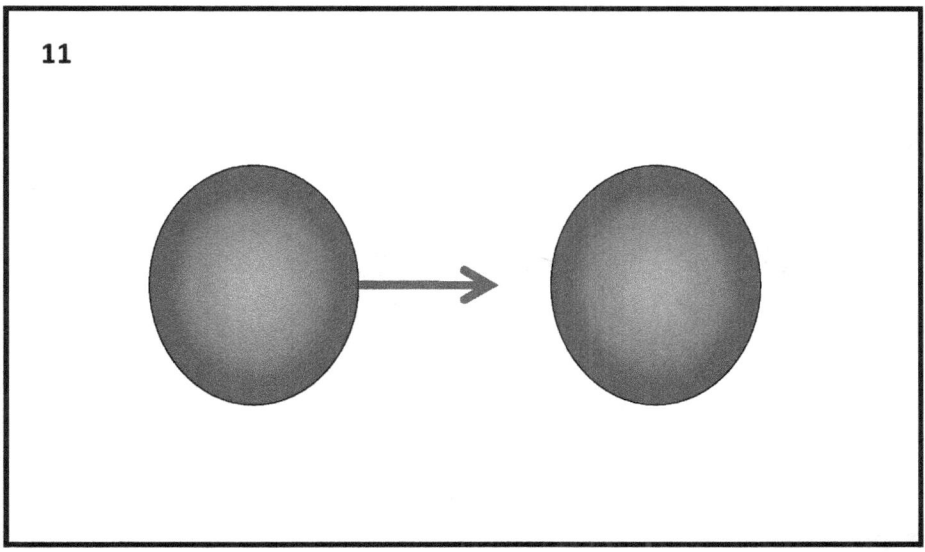

Nella Figura 11 sono mostrate due sfere. Quello di destra è a riposo. La sfera sinistra si sta muovendo verso destra con una certa velocità. La direzione e l'entità della velocità sono mostrate con una freccia blu.

Vedere la figura 12.

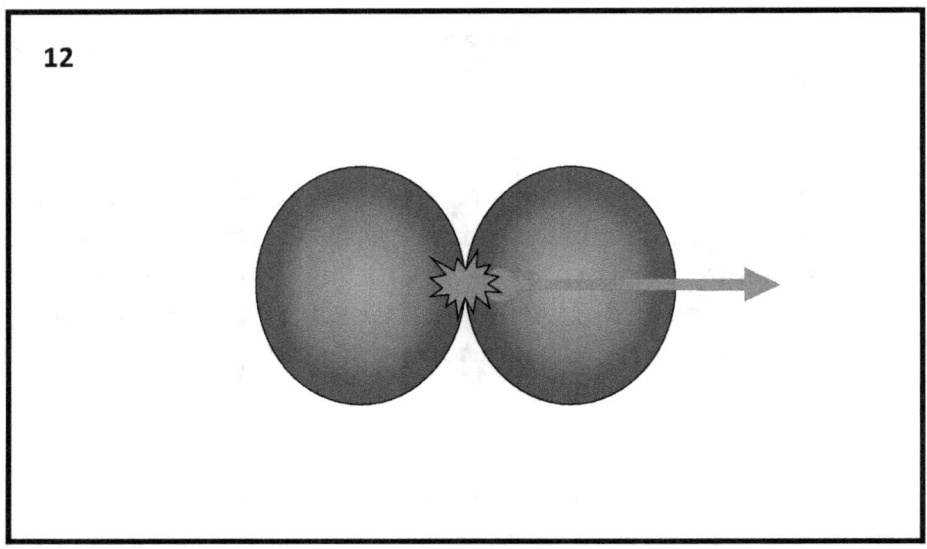

Nella figura 12 è mostrato l'impatto tra le due sfere. Al momento dell'impatto si verificano accelerazioni tra gli atomi che compongono le sfere. Il burst rosso mostra le accelerazioni che si verificano a livello quantistico. Queste accelerazioni danno origine alla forza che inizia a spingere la sfera con cui stiamo facendo esperimenti.

Ma allora forse l'accelerazione è primaria?

Ma non dobbiamo dimenticare che affinché si verifichi qualsiasi accelerazione è sempre necessaria un'azione di forza, che viene applicata a un corpo dotato di una certa massa. Allora possiamo concludere che l'accelerazione non è primordiale.

Una terza risposta possibile è che la massa della sfera sia una grandezza fisica primaria. Perché se cambiamo la massa della sfera ma manteniamo l'entità della forza agente, l'accelerazione cambierà. Possiamo concludere che la variazione della massa della sfera è la causa della variazione dell'accelerazione.

Ma per cocreare il moto accelerato della sfera è necessaria l'azione di una forza. Se non agisce alcuna forza, la sfera non si muoverà con accelerazione.

Si ottiene un cerchio chiuso. Ognuna di queste quantità fisiche è causa della comparsa delle altre due, e ciò avviene attraverso una dipendenza fisica rigorosamente provata. Questa dipendenza fisica è chiamata seconda legge di Newton.

La fisica moderna non è in grado di determinare quale di queste tre quantità fisiche sia primaria. Quando verrà dimostrata la preminenza di una delle tre quantità, ciò sarà la ragione della comparsa delle altre due quantità fisiche. Per ora ciò non è stato fatto.

Questo è un problema serio della fisica moderna che riguarda tutta la scienza umana.

La ragione di questo problema è che la definizione moderna della seconda legge di Newton differisce dalla definizione originale proposta da Newton. All'inizio di questo capitolo ho dimostrato che secondo Newton:

La " **forza motrice applicata**" provoca un " **cambiamento**" nella " **quantità di movimento**" .

Questo è molto importante e deve essere ricordato.

6. TERZA LEGGE DI NEWTON.

La terza legge di Newton scritta in latino:

> „Actioni contrariam semper et aequalem esse reactionem: sive corporum duorum actiones in se mutuo semper esse aequales et in partes contrarias dirigi"

Scritto in bulgaro slavo, cirillico:

> „Действието винаги е равно и противоположно на противодействието, иначе казано взаимодействията на две тела, едно върху друго, по между си, са равни и са насочени в противоположни посоки"

Scritto in russo:

> „Действию всегда есть равное и противоположное противодействие, иначе — взаимодействия двух тел друг на друга между собою равны и направлены в противоположные стороны".

Scritto in inglese:

> „An action always has an equal and opposite reaction, otherwise the interactions of two bodies against each other are equal and directed in opposite directions".

Tradotto dal cirillico bulgaro slavo, in un'altra lingua:

"L'azione è sempre uguale e contraria alla contrapposizione, in altre parole le interazioni di due corpi, uno sull'altro, tra loro, sono uguali e dirette in direzioni opposte"

La legge è definita in modo conciso e chiaro.

Da un punto di vista filosofico, la terza legge di Newton ha subito gravi critiche.

Non esistono condizioni restrittive nella definizione della legge. Le condizioni limitanti indicano quando la legge si applica e quando no. L'assenza di condizioni restrittive dà motivo ad alcuni ricercatori di affermare che la terza legge di Newton è un principio fisico.

L'assenza di un'area di definizione che mostri come funziona la legge è un prerequisito per l'esistenza di speculazioni che rendono difficile comprendere adeguatamente la natura della legge. In questo modo sembra che la forza di contrazione non esista e che la forza di contrazione sia una forza fittizia.

L'essenza della legge si rivela attraverso le cifre.

Vedere la figura 13.

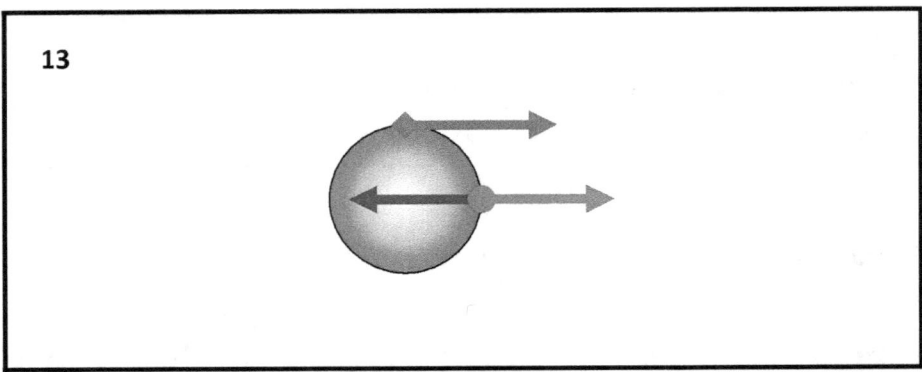

Nella figura 13 è mostrata una sfera e le forze che agiscono sulla sfera. Alla sfera viene applicata una forza rossa, che la trascina verso destra, e una forza blu, che si oppone a quella rossa. La forza rossa attira la sfera e la sfera inizia a muoversi con accelerazione. L'accelerazione è mostrata con una freccia verde. La direzione dell'accelerazione coincide con la direzione della forza trainante rossa.

Una forza agente può essere una forza di spinta. Dipende dal punto di applicazione della forza.

Vedere la figura 14.

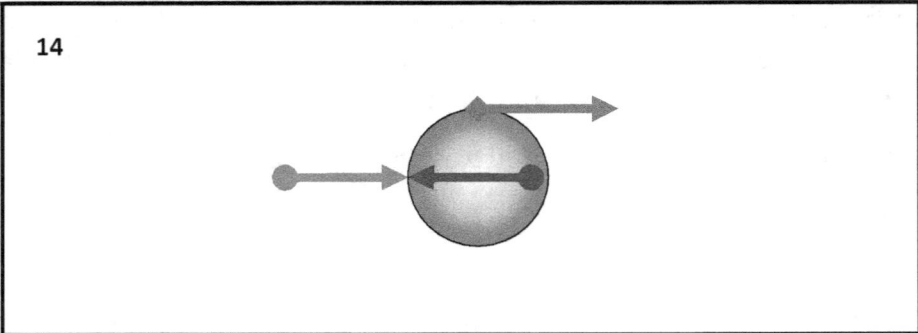

La Figura 14 mostra una forza di spinta rossa e una forza blu che si oppone a quella rossa. La freccia verde mostra la direzione dell'accelerazione. È anche possibile un caso di azione di forza centrale.

Vedere la Figura 15.

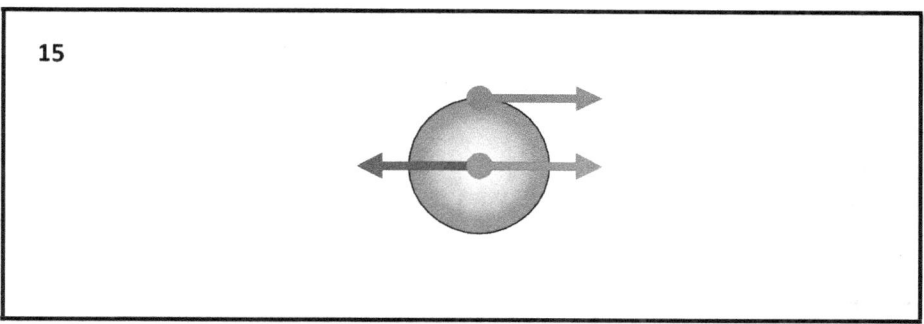

Nella figura 15 è mostrata una forza di trazione rossa che agisce centralmente e una forza blu che contrasta quella rossa. La freccia verde mostra l'entità e la direzione dell'accelerazione.

Alcuni lettori potrebbero chiedersi: perché descrivo queste cose elementari in modo così dettagliato?

La mia risposta è questa:

Perché questo libro è per persone che non hanno una formazione speciale in Fisica.

Perché queste cose sono molto importanti e vanno comprese bene.

Perché ho insegnato fisica, sia a bambini che ad adulti, e tutti affermano di conoscere la terza legge di Newton, e sono convinti di capirla. E mentre la conversazione continua, alcuni di loro concludono che la controforza non esiste, che è una forza fittizia ed è stata messa lì per comodità.

Alcuni dei miei studenti, dopo aver osservato la figura 15, affermano quanto segue:

"Il potere blu è uguale al potere rosso, e il potere blu è l'opposto del potere rosso. Quindi queste due forze si annullano a vicenda. Pertanto, la sfera non può muoversi con accelerazione. Se la sfera si muove con accelerazione, la forza blu è fittizia. Il blu non esiste. La contromisura non esiste. Solo la forza di trazione rossa continua ad agire, e quindi, dalla seconda legge di Newton, ne consegue che la sfera si muove con accelerazione."

Sorge la domanda: su cosa si basa una simile conclusione?

La risposta sta nel fatto che nella scienza della fisica esistono due grandi e distinte divisioni. Questi sono chiamati dinamica e statica. Quando si conducono esperimenti mentali fisici, bisogna sempre considerare a quale di questi due rami della fisica si riferisce l'esperimento in questione.

Vedere la figura 16

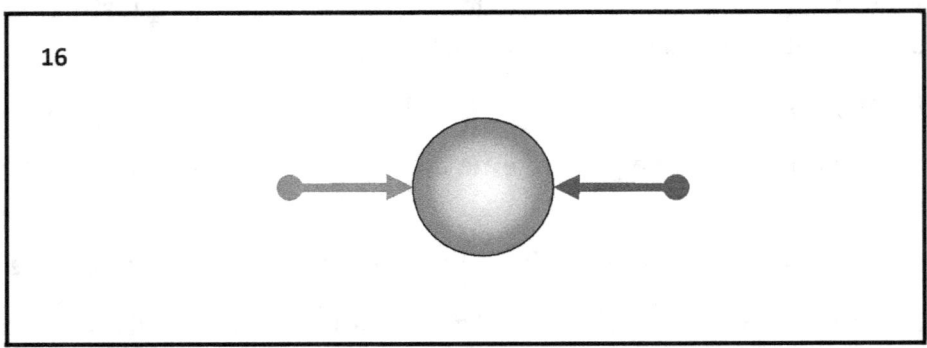

La Figura 16 mostra una sfera e due forze che agiscono

simultaneamente sulla sfera. La forza blu è uguale alla forza rossa ed entrambe le forze sono dirette l'una contro l'altra. Le forze blu e rossa si annullano a vicenda e la sfera è ferma o in movimento rettilineo uniforme. Questo è un classico esperimento della sezione statica di Fisica. La figura dodici mostrata è molto simile alle figure tredici, quattordici e quindici. La differenza essenziale tra le due figure è che i punti di applicazione delle forze sono due diversi. Il potere blu ha il proprio punto di applicazione, che è diverso dal punto di applicazione del potere rosso. Quando analizziamo la terza legge di Newton, la forza di azione e la forza di reazione hanno lo stesso punto di applicazione, come mostrato nella figura undici. Questo fatto è molto importante, e per capirlo dobbiamo leggere ciò che dice Newton nel suo libro "Principi matematici della fisica".

"Se qualcosa preme su qualcos'altro o lo tira, allora esso stesso viene schiacciato o tirato da quest'ultimo. Se si preme una pietra con il dito, anche il suo dito verrà premuto dalla pietra. Se il cavallo trascina una pietra legata ad una corda, allora, viceversa (per così dire), tira la pietra con uguale sforzo, perché una corda tesa, per la sua elasticità, produce sul cavallo la stessa forza sulla pietra, e sulla pietra al cavallo, e quanto questa corda impedisce al cavallo di andare avanti, tanto fa andare avanti la pietra' .

In cirillico slavo-bulgaro:

„Ако нещо притисне нещо друго или го дърпа, то самото то се смачква или издърпва от това последното. Ако някой натисне камък с пръста си, тогава неговият пръст също е притиснат от камъка. Ако конят влачи камък, вързан за въже, тогава, обратно (така да се каже), той се дърпа към камъка с еднакво усилие, защото опънато въже, поради своята еластичност, произвежда същата сила върху коня към камъка и на камъка към коня и колкото това въже пречи на коня да върви напред, толкова и кара камъка да върви напред".

In inglese:

„If something presses on something else or pulls it, then it itself is crushed or pulled by this latter. If someone presses a stone with his finger, then his finger is also pressed by the stone. If a horse drags a stone tied to a rope, then, back (so to speak), it is pulled towards the stone with equal effort, because the stretched rope, by its elasticity, produces the same force on the horse towards the stone and on the stone towards the horse, and as much as this rope prevents the horse from moving forward, so much does it impel the stone to move forward"

In russo:

„Если что-либо давит на что-нибудь другое или тянет его, то оно само этим последним давится или тянется. Если кто нажимает пальцем на камень, то и палец его также нажимается камнем. Если лошадь тащит камень, при−вязанный к канату, то и, обратно (если можно так выразиться), она с равным усилием оттягивается к камню, ибо натянутый канат своею упругостью производит одинаковое усилие на лошадь в сторону камня и на камень в сторону лошади, и насколько этот канат препятствует движению лошади вперед, настолько же он побуждает движение вперед камня"

Con l'aiuto di alcune figure mostrerò cos'è l'azione e cos'è la controazione.

Vedere la Figura 17.

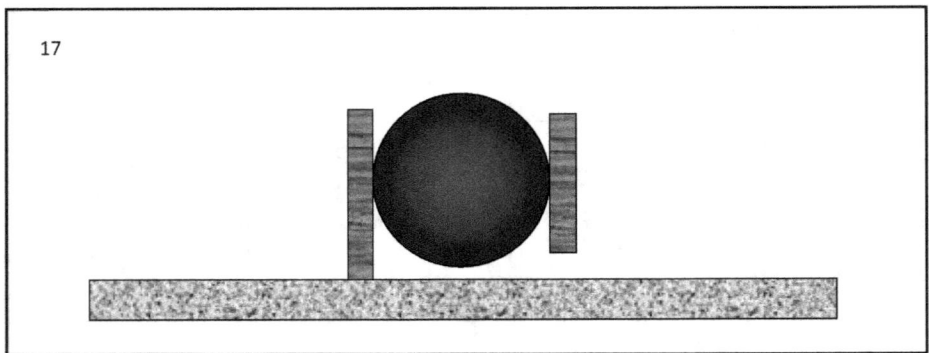

La Figura 17 mostra una palla di gomma blu. La palla si trova tra due pannelli luminosi, pannelli. La tavola sinistra è fissata saldamente su una pesante lastra di pietra, granito. La tavola destra è libera e può essere spostata. Applichiamo un'azione di forza sul tabellone destro.

Vedere la figura 18.

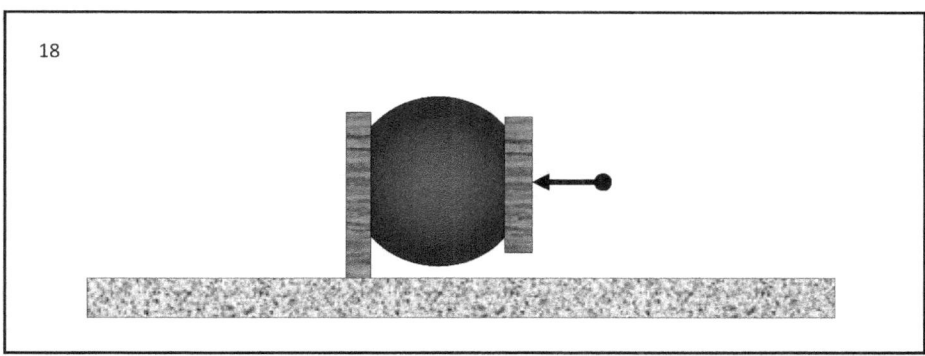

Nella Figura 18 si può vedere che la forza del nero viene applicata alla tavola destra. Il tabellone è posizionato in modo da evitare che la palla scoppi. La forza agisce da destra verso sinistra. La tavola preme sulla palla di gomma e la palla si deforma da destra a sinistra. Esattamente la stessa deformazione si verificherà sul lato sinistro della palla. Lì è posizionata una tavola, che è saldamente collegata alla lastra di granito ed è immobile. Guarda la figura. La palla è deformata allo stesso modo su entrambi i lati. La giusta deformazione è causata dall'azione **della** tavola destra, sulla palla. La deformazione sinistra è causata dalla **contrazione** della tavola sinistra sulla palla. Posso dire che questo è un perfetto esperimento classico che mostra **azione** e **controazione**, nella sezione statica della scienza della Fisica. Vediamo cosa dice Newton nella sua grande opera "Principi matematici della fisica".

"Se uno preme una pietra con il dito, anche il suo dito verrà

premuto dalla pietra."

Si può fare un esperimento che mostri l'azione e la controazione nella sezione dinamica della scienza della Fisica.

Vedere la figura 19.

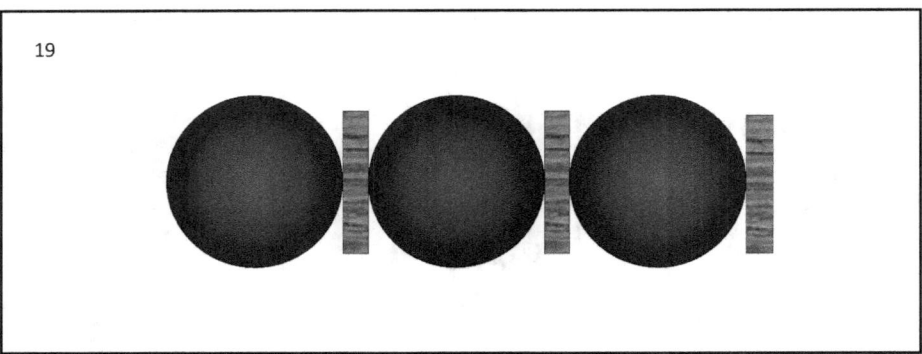

La Figura 19 mostra tre palline di gomma blu e tre pannelli luminosi in legno. Applichiamo l'azione della forza.

Vedere la Figura 20.

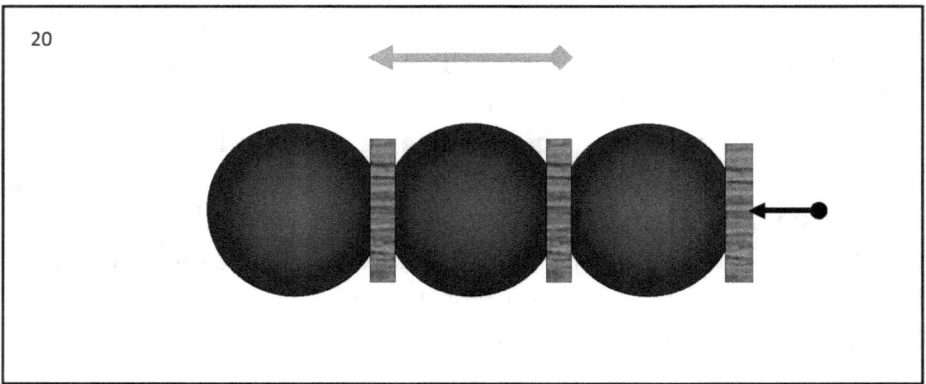

La Figura 20 mostra le palline, i tabelloni e la forza del nero che agiscono da destra a sinistra. L'azione della forza nera costringe le palline e le tavole a muoversi con accelerazione, da destra a sinistra. La freccia verde in alto rappresenta l'accelerazione. Osserva attentamente la figura e capirai **l'azione** e **la controazione** nella sezione dinamica della scienza della Fisica.

Il pannello sinistro e quello centrale possono essere rimossi. Non quello più a destra, perché la palla scoppierà. Rimuovendo le due tavole la deformazione delle tre sfere non cambierà. Sai già perché.

L'essenza della terza legge di Newton si riduce alla seguente affermazione:

Per ogni azione di una forza, esiste una forza agente uguale in grandezza e opposta in direzione.

La domanda sorge spontanea:

Qual è l'entità di queste due forze e come possiamo essere sicuri che esistano e agiscano sempre contemporaneamente?

Faremo un esperimento mentale e mostreremo e misureremo una forza reale che agisce su una sfera.

Vedere la figura 21.

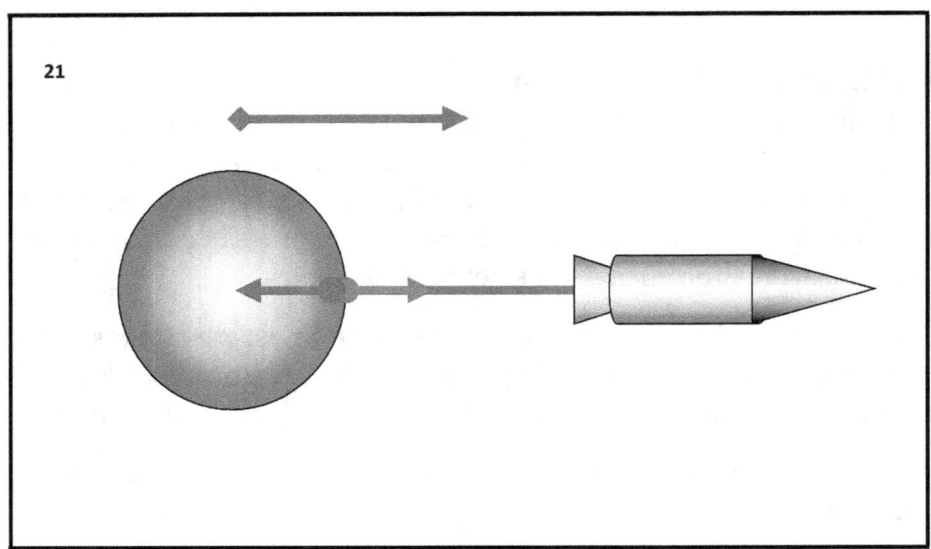

Nella figura 21 viene mostrata la sfera e un razzo è legato alla sfera con una corda. Avviamo il motore del razzo, il razzo tira la corda e inizia a tirare la sfera. Il razzo agisce sulla sfera con una certa forza. La sfera inizia a muoversi con accelerazione. L'accelerazione è mostrata con una freccia verde. La freccia rossa è la forza d'azione, quella blu è la forza di reazione. La forza dell'azione e la forza della reazione devono essere misurate. Le forze vengono misurate utilizzando un misuratore di forza.

Vedere la Figura 22.

IL TERZO ERRORE DI EINSTEIN

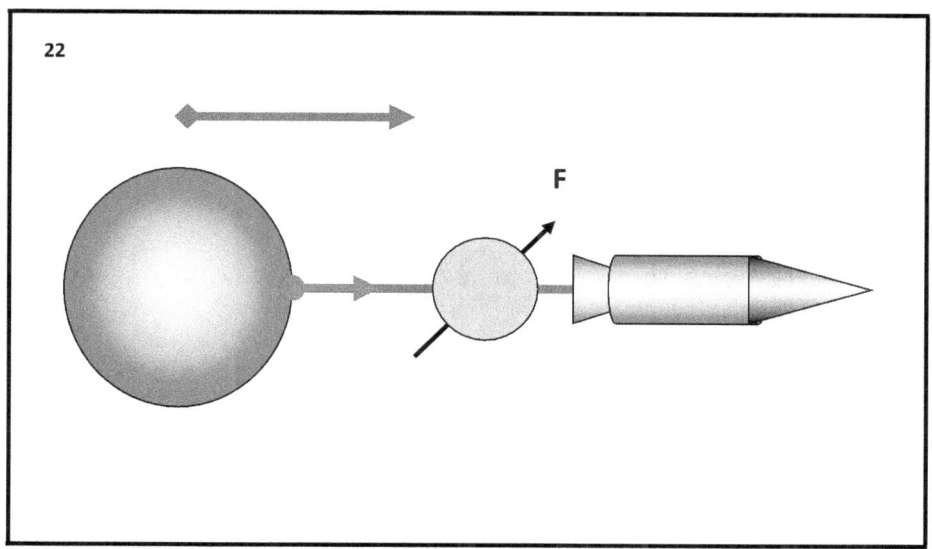

Nella figura 22 sono mostrati la sfera, il razzo e la corda che li unisce. Al centro della corda è posizionato un misuratore di forza che misura l'azione e la reazione. La forza rossa è la forza dell'azione, la forza blu è la forza della reazione. La freccia verde mostra l'accelerazione.

La Figura ventidue mostra l'essenza della terza legge di Newton.

L'esperimento mostrato nella figura diciotto dimostra e spiega l'esistenza di azione e reazione. Ogni volta che analizziamo la terza legge di Newton, dobbiamo immaginare l'esperimento mostrato in questa figura e l'esperimento con le tre palline blu.

7. LEGGE DI GRAVITAZIONE DI NEWTON.

Secondo la fisica moderna, la legge di gravitazione di Newton afferma che:

La forza di attrazione gravitazionale tra i corpi è direttamente proporzionale al prodotto dei due corpi, e inversamente proporzionale al quadrato della distanza tra i due corpi.

In altre parole, l'entità della forza gravitazionale con cui due corpi sono attratti l'uno dall'altro è uguale alla massa di un corpo moltiplicata per la massa dell'altro corpo divisa per la distanza tra i due corpi al quadrato.

La legge di gravitazione di Newton è scritta come:

$$F = \frac{M.m}{r^2}.G$$

Dove:

F è la forza di attrazione gravitazionale tra i due corpi.

M è la massa del corpo più grande.

m è la massa del corpo più piccolo.

r è la distanza tra i centri dei due corpi.

G è la costante gravitazionale.

Da un punto di vista filosofico, la terza legge di Newton ha subito gravi critiche.

La critica filosofica è diretta contro il modo in cui viene definito il fenomeno della forza nella fisica moderna. Nella fisica moderna esistono due diverse espressioni matematiche per la forza. Le due espressioni matematiche furono formulate da Newton.

La prima espressione matematica è rappresentata dalla seconda legge di Newton, la quale afferma che:

La forza è uguale al prodotto della massa per l'accelerazione.

$$F = m.a$$

La seconda espressione matematica, rappresentata dalla legge di Newton, è la forza di attrazione gravitazionale.

$$F = \frac{M.m}{r^2}.G$$

Il fatto che esista l'uguaglianza tra la massa pesante e quella inerziale, e **il principio di equivalenza di Einstein**, ci permette di stabilire l'uguaglianza tra queste due espressioni matematiche. Si ottiene:

$$F = \frac{M.m}{r^2}.G = m.a$$

La possibilità di scrivere questa uguaglianza in questo modo, da un punto di vista filosofico, è un difetto della fisica moderna. Il principio di equivalenza di Einstein legittima l'espressione matematica dell'uguaglianza delle due forze.

Il principio di equivalenza di Einstein gioca un ruolo estremamente importante nella fisica moderna.

Il principio di equivalenza di Einstein è alla base della teoria della relatività generale.

Il Principio di Equivalenza di Einstein è una legge fondamentale attraverso la quale vengono create le concezioni umane dell'Unica Realtà Infinita.

Il principio di equivalenza è un paradigma nella scienza umana moderna.

8. MOTO RELATIVO A VELOCITÀ COSTANTE.

Einstein afferma che la velocità costante di un corpo di prova dipende dalla scelta del **sistema di riferimento inerziale**.

Vedere la figura 23.

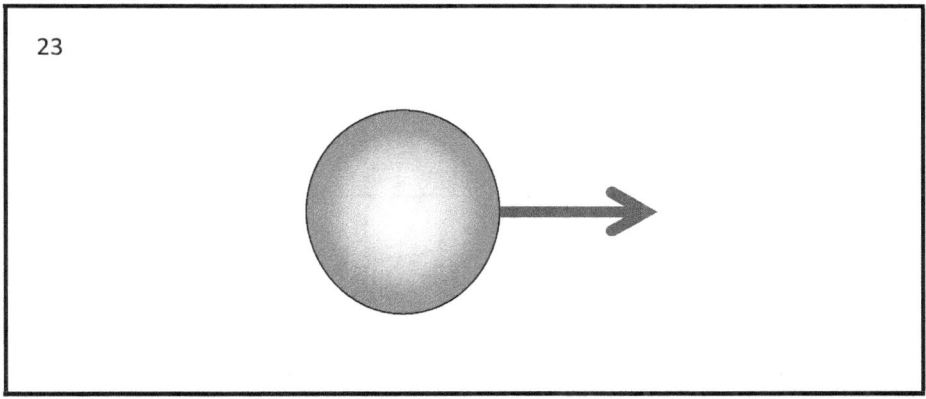

Nella figura 23 è data una sfera che **si muove con velocità costante**. La freccia blu mostra la direzione e l'entità della velocità costante.

Da un punto di vista fisico, l'espressione **si muove a velocità costante** è incompleto e impreciso perché non viene fornito alcun valore numerico della grandezza della velocità e nessun sistema di coordinate.

Il fenomeno di un valore numerico di **una grandezza** di velocità costante ha un significato fisico solo quando viene indicato il sistema di coordinate rispetto al quale la sfera si muove a velocità costante.

Vedere la figura 24.

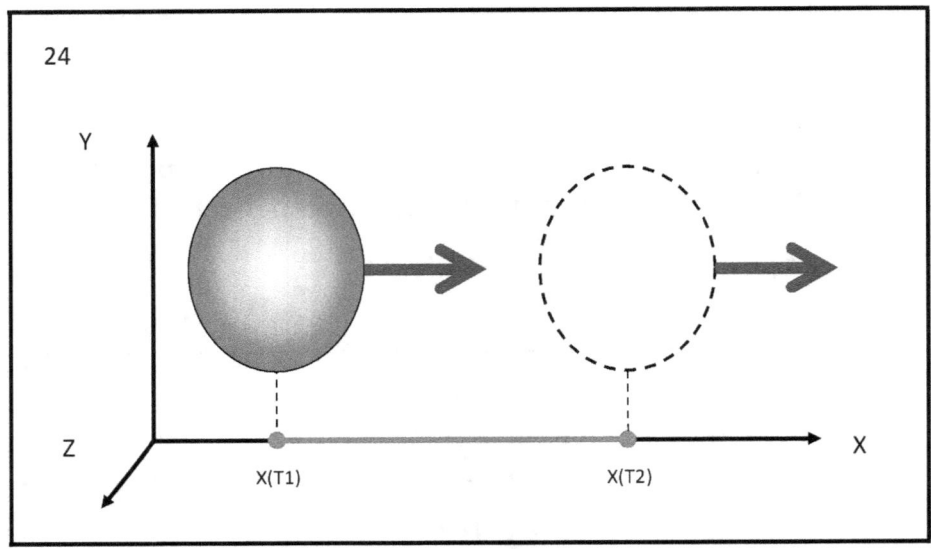

La Figura 24 mostra un sistema di coordinate e una sfera che si muove a velocità costante rispetto al sistema di coordinate. La velocità costante è indicata con una freccia blu. In questo sistema di coordinate, la sfera si sposta per una certa distanza, in un certo tempo. La mossa è mostrata in rosso. Quando dividiamo lo spostamento per l'intervallo di tempo, otteniamo la velocità della sfera rispetto a questo sistema di coordinate. La lunghezza della freccia blu indica l'entità della velocità costante. L'entità della velocità costante della sfera dipende dallo stato di movimento o di quiete di un qualsiasi sistema di riferimento inerziale scelto specificatamente. Se scegliamo un altro sistema di coordinate inerziali, la velocità sarà diversa.

Vedere la figura 25.

IL TERZO ERRORE DI EINSTEIN

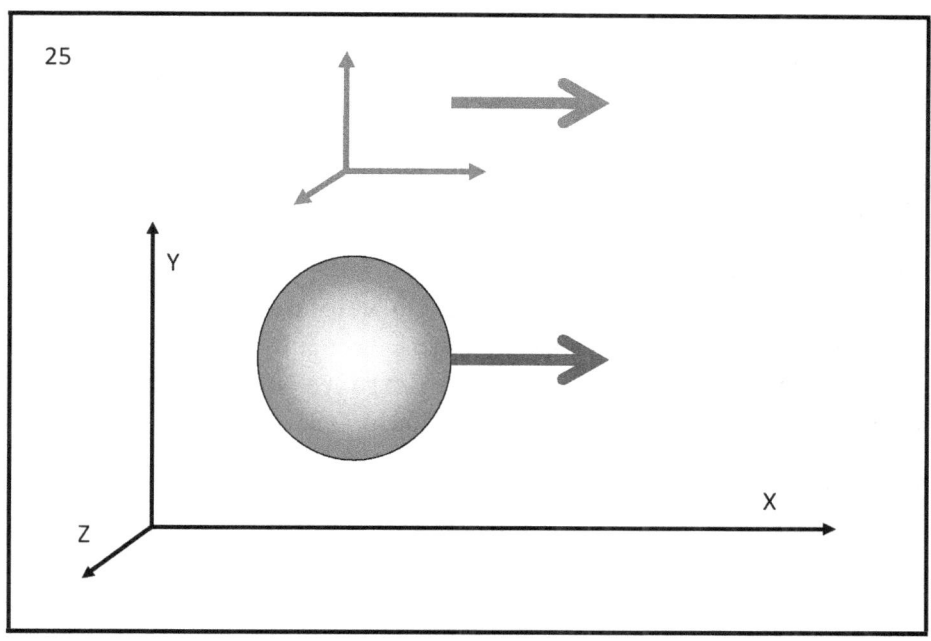

25

La Figura 25 mostra un grande sistema di coordinate costituito da frecce nere, una sfera che si muove a velocità costante rispetto al sistema di coordinate nere e un piccolo sistema di coordinate costituito da frecce verdi. Il sistema di coordinate verde si muove a velocità costante. L'entità della velocità e la direzione della velocità sono mostrate da una freccia verde. La freccia verde è uguale alla freccia blu. La sfera e il sistema di coordinate verdi si muovono, fianco a fianco, alla stessa velocità costante, nella stessa direzione. La sfera è quindi ferma rispetto al sistema di coordinate verdi.

La sfera è contemporaneamente in due stati, vale a dire in quiete rispetto al sistema di coordinate verde e in uno stato di movimento, con velocità costante, rispetto al sistema di coordinate nero.

La velocità della sfera nel sistema di coordinate verde è zero, la velocità della sfera nel sistema di coordinate nero è maggiore di zero.

Quando Einstein dice che la velocità costante di un corpo di prova dipende dalla scelta del **sistema di riferimento inerziale**, intende ciò che abbiamo mostrato con le figure.

La velocità costante relativa significa velocità costante dipendente .

La dipendenza dalla velocità è relativa alla **scelta** del sistema di coordinate e dipende dall'entità della velocità con cui si muove il sistema di coordinate **selezionato** . **La scelta** di un sistema di coordinate rispetto al quale viene effettuata la **misurazione** della velocità è **la scelta** di un'altra velocità diversa.

Selezione e misurazione sono forme di riflessione realizzate dal soggetto che esegue il particolare esperimento .

Trova e vedi in rete: "Teoria della riflessione" dell'accademico Todor Pavlov.

Ogni sperimentatore è un soggetto in relazione all'oggetto presente nell'esperimento. Quando il soggetto fa per la prima volta una scelta sullo stato dell'oggetto, allora propone un nuovo stato specifico. Nell'esperimento che stiamo analizzando esistono due stati specifici, ovvero riposo o movimento. La nuova proposta statale è una proposta di convenzione. Una convenzione è un contratto che stabilisce cosa è vero e cosa non è vero. Il contratto può essere accettato dagli altri ricercatori, soggetti. Ma può anche essere rifiutato. Questa si chiama convenzionalità nella scienza. Filosoficamente, la convenzionalità è un grosso problema nella scienza umana moderna.

9. MOTO ASSOLUTO CON ACCELERAZIONE COSTANTE.

Albert Einstein dice:

"le accelerazioni e le rotazioni sono assolute, non dipendono dalla scelta del sistema inerziale".

Ciò che dice Einstein è molto importante. Bisogna capirlo molto bene.

Vedere la Figura 26.

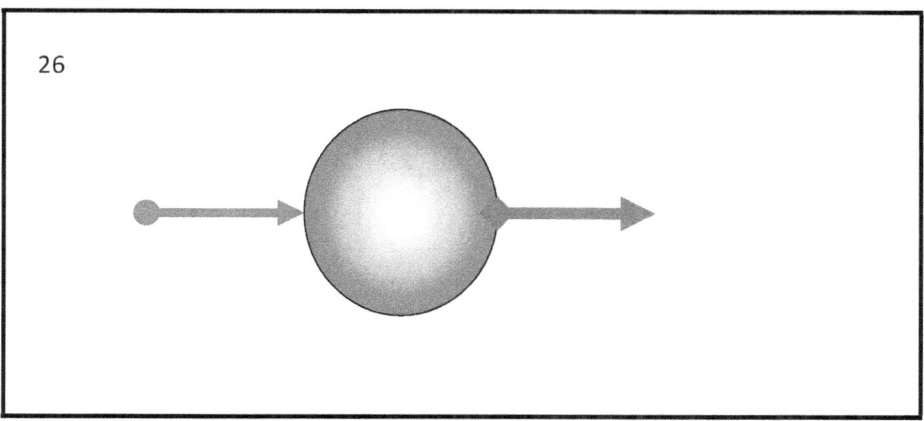

Nella figura 26 sono mostrate una sfera e due frecce. La freccia rossa è una forza che spinge la sfera da sinistra a destra. Sotto l'azione della forza rossa, la sfera si muove con accelerazione, da sinistra a destra. La freccia verde mostra la direzione e l'entità dell'accelerazione. Nessun sistema di coordinate mostrato.

Non è necessario. Perché l'accelerazione della sfera è assoluta, il che significa che la misurazione dell'entità dell'accelerazione può essere effettuata senza la necessità di un sistema di coordinate. Ciò significa che l'accelerazione della sfera non dipende dalla scelta del sistema di coordinate. Possiamo scegliere qualsiasi sistema di coordinate inerziali e misurare l'accelerazione della sfera rispetto ad esso. L'entità dell'accelerazione misurata sarà la stessa, una costante.

Vedere la figura 27.

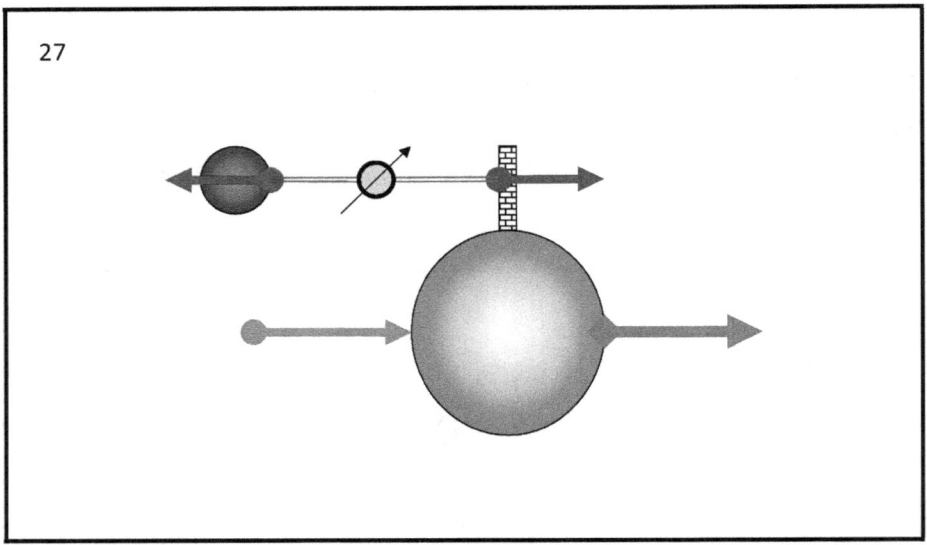

La Figura 27 mostra una forza rossa che spinge la sfera da sinistra a destra. Sotto l'influenza della forza, la sfera si muove da sinistra a destra con accelerazione. La direzione e l'entità dell'accelerazione sono mostrate con una freccia verde. All'estremità superiore della sfera viene realizzato un muro di sostegno. Viene data una piccola sfera rossa che è legata al muro con una corda marrone. Al centro della corda è posizionato un dispositivo di misurazione della forza, un misuratore di forza. La sfera rossa è un corpo campione selezionato con una massa di riferimento. Il muro attira la piccola sfera rossa, con una certa forza, indicata da una freccia viola. Secondo la terza legge di Newton, la piccola sfera rossa si contrappone alla forza viola, con una forza uguale in grandezza ma opposta in direzione. La contromisura è indicata con una freccia blu. Il misuratore di forza misura l'azione e la reazione.

La massa della sfera rossa di riferimento è nota, l'entità della forza viola che agisce su di essa è già stata misurata. Utilizzando la seconda legge di Newton, si calcola l'accelerazione della piccola sfera. L'accelerazione calcolata della piccola sfera rossa è uguale all'accelerazione della sfera grande. Questo è solo un modo per determinare l'accelerazione della sfera grande. Questo metodo è universale. È possibile utilizzare diversi corpi di prova da posizionare in punti diversi sulla sfera grande. Attraverso questi corpi di prova possiamo sempre misurare la forza di azione e la forza di reazione e quindi determinare l'entità della forza che agisce sul corpo di prova specifico, dopo di che calcoliamo l'accelerazione.

Per determinare l'accelerazione non viene utilizzato alcun sistema di coordinate. Il metodo da noi utilizzato mostra che l'accelerazione **non dipende** dal sistema di coordinate, che si muove a velocità costante o è in uno stato di riposo.

Ecco perché Albert Einstein disse:

"le accelerazioni e le rotazioni sono assolute, indipendenti dalla scelta del sistema di riferimento inerziale."

Vedere la figura 28.

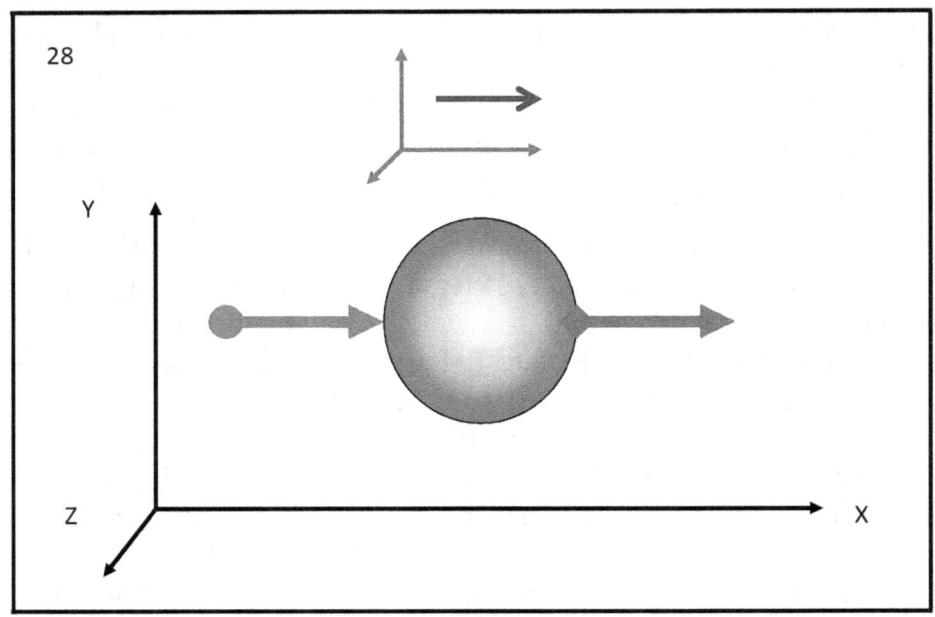

28

Nella figura 28 è riportato un sistema di coordinate costituito da frecce nere, che è a riposo.

Viene fornito un piccolo sistema di coordinate, rappresentato da frecce verdi. Il piccolo sistema di coordinate verdi si muove rispetto al grande sistema di coordinate nero, a velocità costante, uniformemente in linea retta. L'entità della velocità e la direzione della velocità nel sistema di coordinate verde sono mostrate dalla freccia blu.

Data una sfera sulla quale si applica l'azione di una spinta rossa. Sotto l'azione della spinta rossa, la sfera si muove con accelerazione. L'accelerazione è mostrata con una freccia verde. La direzione della forza rossa corrisponde alla direzione dell'accelerazione verde. La lunghezza della freccia verde indica l'entità dell'accelerazione.

La sfera si muove con **la stessa accelerazione** rispetto al sistema di coordinate nero grande e rispetto al sistema di coordinate verde piccolo. Quella grande nera è ferma, quella piccola verde si muove, ma nonostante ciò l'accelerazione della sfera è la stessa per entrambi i sistemi di coordinate. La ragione di questa uguaglianza è che l'accelerazione è assoluta.

Ho mostrato una prova dettagliata di questa affermazione in Il paradosso della verga. Parte sesta." Casa editrice E.D.B. Amazzonia. Questo è un fumetto per bambini e adulti, in cui ho presentato le leggi fondamentali della fisica attraverso i disegni.

10. ATTRIBUZIONE DEI TIPI DI MOVIMENTI.

*****

Spiegazioni filosofiche

La moderna scienza della fisica definisce due tipi fondamentali di movimento, che sono il movimento assoluto e il movimento relativo.

Il concetto di **assoluto** e il concetto di **relativo** sono categorie filosofiche. Nella scienza umana, la relazione tra queste due categorie non è chiara. Nel caso generale, l'assoluto e il relativo sono contrapposti e posti in una posizione di contraddizione antagonista. Questo approccio è sbagliato. L'assoluto e il relativo sono in una unità dialettica. La categoria **assoluta** e la categoria **relativa** sono una coppia di categorie.

Propongo di utilizzare l'idea che il rapporto dialettico tra la categoria **relativa** e la categoria **assoluta** è il seguente :

L'assoluto si riferisce.

Il relativo diventa assoluto.

In questo modo vengono inclusi nelle coppie di categorie della dialettica di Hegel.

*****

I moti assoluti sono ben noti alla fisica moderna. Ho già detto che secondo Einstein il moto con accelerazione e il moto rotatorio sono moti assoluti. Le relazioni tra i diversi tipi di movimenti assoluti sono diverse ed è necessario sottoporsi ad un'analisi filosofica e dialettica generale.

A questo scopo eseguiremo opportuni esperimenti mentali.

Vedere la figura 29.

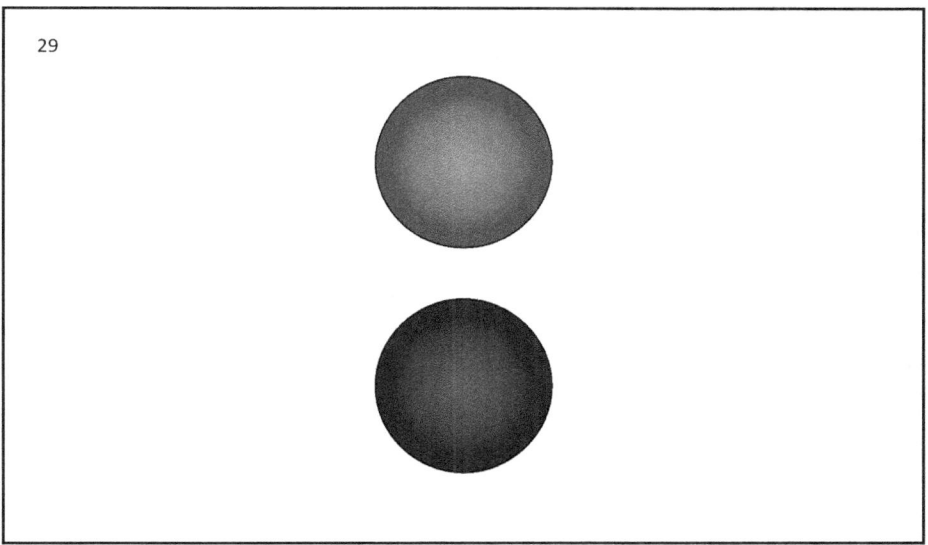

Nella Figura 29 sono mostrate due sfere. Sfera verde e sfera blu. Le sfere hanno la stessa dimensione e la stessa massa. Le due sfere sono in **quiete l'una rispetto all'altra**. Nella figura non è mostrato alcun sistema di coordinate.

*****

Spiegazioni filosofiche:

Quando noi soggetti che conduciamo l'esperimento diciamo " **in quiete l'uno rispetto all'altro** ", significa che noi **soggetti** non abbiamo bisogno di un sistema di coordinate per dimostrare lo stato di quiete tra le due sfere.

Ciò significa che **gli oggetti** dell'esperimento, che sono le due sfere, non necessitano di un sistema di coordinate per provare, mostrare, stabilire, lo stato di quiete delle due sfere.

Nella figura non è mostrato alcun sistema di coordinate.

Ciò significa che lo stato di quiete tra le due sfere dipende solo ed esclusivamente dalle due sfere e dal **rapporto** di una sfera con l'altra sfera. Le condizioni fisiche in cui avviene la relazione tra le due sfere sono predefinite dal soggetto che esegue l'esperimento.

Il concetto di **atteggiamento** è una categoria filosofica. L'atto di **relazione** tra le due sfere prova, mostra, stabilisce lo stato di quiete che oggettivamente **esiste** tra le due sfere. L'esistenza oggettiva dello stato di riposo, in condizioni specifiche, assolutizza lo stato di riposo tra le due sfere. La frase corretta è:

Le due sfere sono in uno stato di riposo assoluto l' **una rispetto all'altra.**

Lo stato di pace assoluta tra le due sfere è possibile attraverso il rapporto, solo e soltanto, di una sfera con l'altra sfera, e viceversa.

*****

Noi soggetti che eseguiamo l'esperimento applichiamo un'azione di forza alle due sfere oggetto dell'esperimento.

Vedere la figura 30.

IL TERZO ERRORE DI EINSTEIN

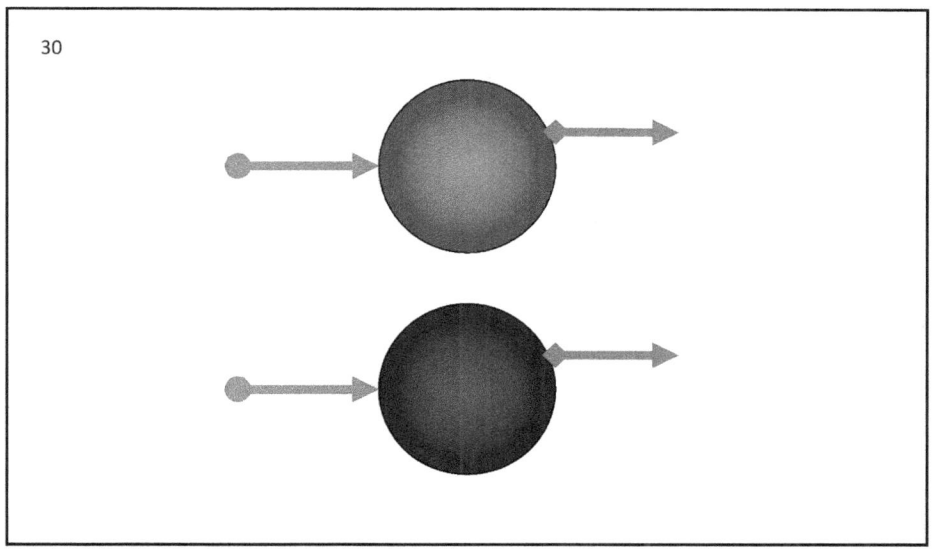

Nella Figura 30 si può vedere che alle due sfere vengono applicate due forze di spinta uguali, rosse. Nella figura non è presente alcun sistema di coordinate. La lunghezza delle due frecce rosse è la stessa.

Le due forze di spinta vengono applicate contemporaneamente ad entrambe le sfere. Le due sfere iniziano simultaneamente a muoversi con accelerazione. L'accelerazione è mostrata con frecce verdi. L'accelerazione delle due sfere è la stessa. La lunghezza delle frecce verdi è la stessa.

*****

Spiegazioni filosofiche:

Da un punto di vista filosofico, entrambi gli ambiti sono soggetti a sperimentazione. I ricercatori che conducono l'esperimento sono i soggetti dell'esperimento. Noi soggetti osserviamo e analizziamo il movimento delle sfere. Osservare, misurare e analizzare sono forme di **riflessione** . **La riflessione** è una categoria filosofica che abbiamo specificato nel quadro definitorio. Il riflesso dell'oggetto da parte del soggetto è sempre soggettivo.

Vedi su Internet: Accademico Todor Pavlov, "Teoria della riflessione".

Abbiamo detto che le due sfere sono in quiete relativa l'una rispetto all'altra.

Nella figura si **osservano e si riflettono contemporaneamente** due fenomeni diversi.

Il primo fenomeno è che le due sfere **si muovono assolutamente**, con la stessa **accelerazione**, fianco a fianco, nella stessa direzione.

Il secondo fenomeno è che le due sfere sono in uno stato di **relativo riposo** l'una rispetto all'altra. Si tratta di due fenomeni diversi che si osservano contemporaneamente.

Abbiamo già spiegato che per stabilire questi due fenomeni non abbiamo bisogno di un sistema di coordinate.

*****

Ho già detto che l'11 luglio 1923 Einstein tenne un discorso a Göteborg, prima dell'incontro dei naturalisti dei paesi del nord.

In questo rapporto, Einstein dice:

"Nella meccanica classica la distinzione tra moti accelerati e non accelerati è assoluta. Ci sono solo velocità relative che dipendono dalla scelta del sistema di riferimento inerziale, e le accelerazioni e le rotazioni sono assolute, indipendenti dalla scelta del sistema di riferimento inerziale.

Da un punto di vista filosofico, questa affermazione di Einstein è soggetta a serie critiche.

La critica si riduce al fatto che nell'esperimento che stiamo conducendo osserviamo il fenomeno **della quiete relativa** di due sfere che si muovono con **accelerazione assoluta**.

Sorge una domanda:

Perché, finora, nella scienza umana non è stato specificamente notato che esiste uno stato di quiete relativa, tra due cose che si muovono con assoluta accelerazione? Questo, secondo me, è un fenomeno di fondamentale importanza.

Utilizzeremo questo fatto per creare un'ipotesi.

Vedere la Figura 31.

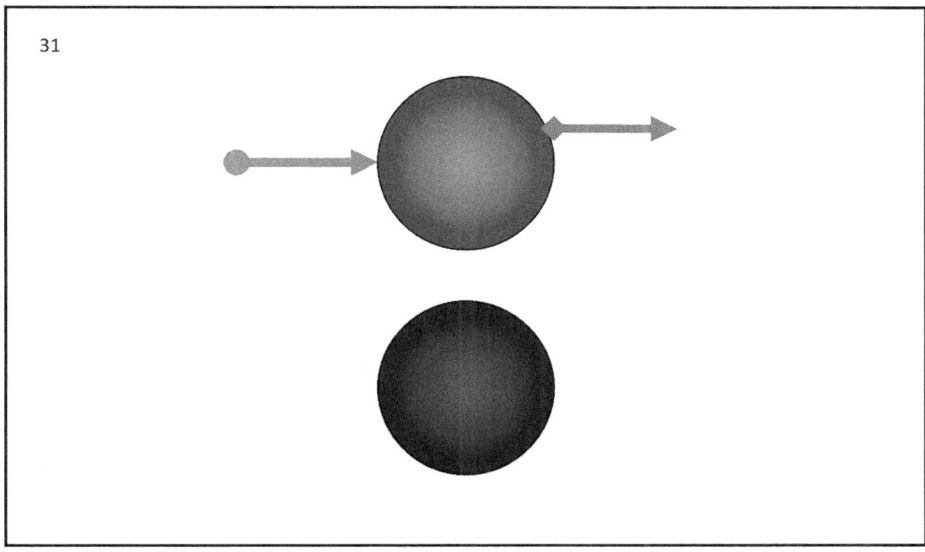

Nella figura 31 sono indicate le due sfere. La sfera blu è ferma. Alla sfera verde viene applicata una spinta rossa. La sfera rossa inizia a muoversi con accelerazione rispetto alla sfera blu. La direzione dell'accelerazione è indicata da una freccia verde. L'intensità della forza rossa è tale che la sfera verde si muove con un'accelerazione di un metro al secondo quadrato. Il movimento di accelerazione della sfera verde avviene rispetto alla sfera blu. Per dimostrare il movimento accelerato della sfera verde non è necessario un sistema di coordinate. Nella figura non è mostrato alcun sistema di coordinate.

La sfera verde si muove con un'accelerazione di un metro al secondo quadrato e quindi il percorso che fa la sfera verde aumenterà in un certo modo.

Vedere la Figura 31.

31

T	0	1	2	3	4	5	6	7
S	0	0,5	2	4,5	8	12,5	18	24,5

Nella figura 31 è mostrata una tabella con la distanza percorsa in funzione del tempo. La riga orizzontale superiore della tabella mostra il tempo trascorso dall'inizio del movimento, misurato in secondi. La riga orizzontale inferiore della tabella mostra la distanza percorsa, misurata in metri. Il tempo aumenta da zero secondi a sette secondi. La strada sale da zero metri a ventiquattro metri e cinquanta centimetri. Il percorso percorso dalla sfera verde viene misurato rispetto alla sfera blu.

Il movimento della sfera verde è rappresentato graficamente come segue.

Vedere la Figura 32.

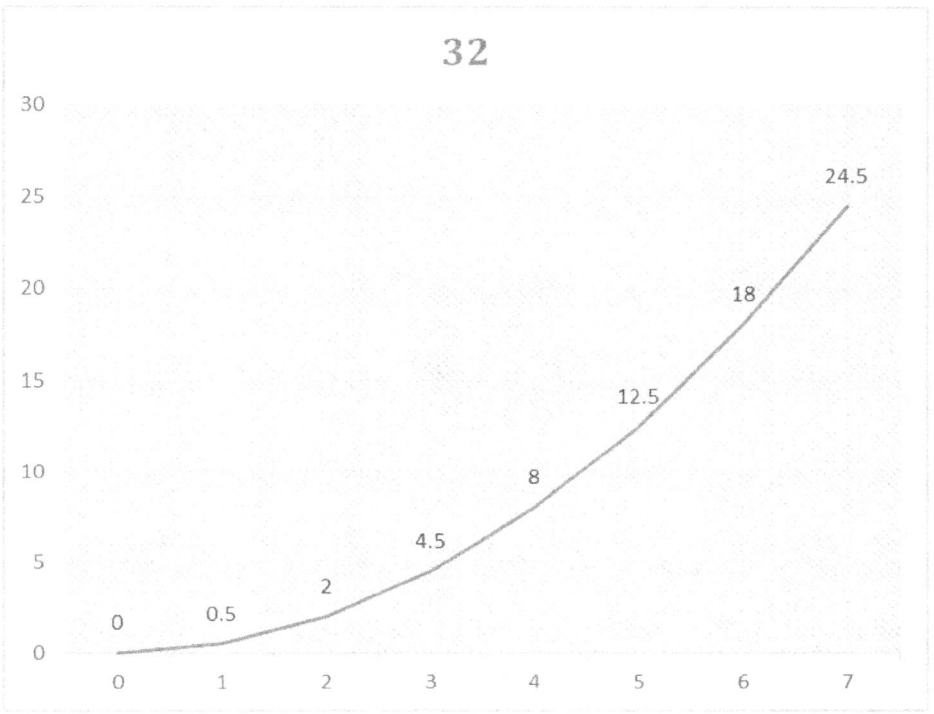

Nella figura 32 è mostrato il grafico del movimento della sfera verde. L'asse verticale del sistema di coordinate mostra la distanza percorsa. L'asse orizzontale del sistema di coordinate mostra gli istanti di tempo, da zero secondi a sette secondi. Dalla figura si può vedere che il grafico malvagio inizia da zero secondi e termina alla fine del settimo secondo. Guarda il grafico.

Un secondo dopo l'avvio della sfera verde, applichiamo una spinta rossa alla sfera blu.

Vedere la Figura 33.

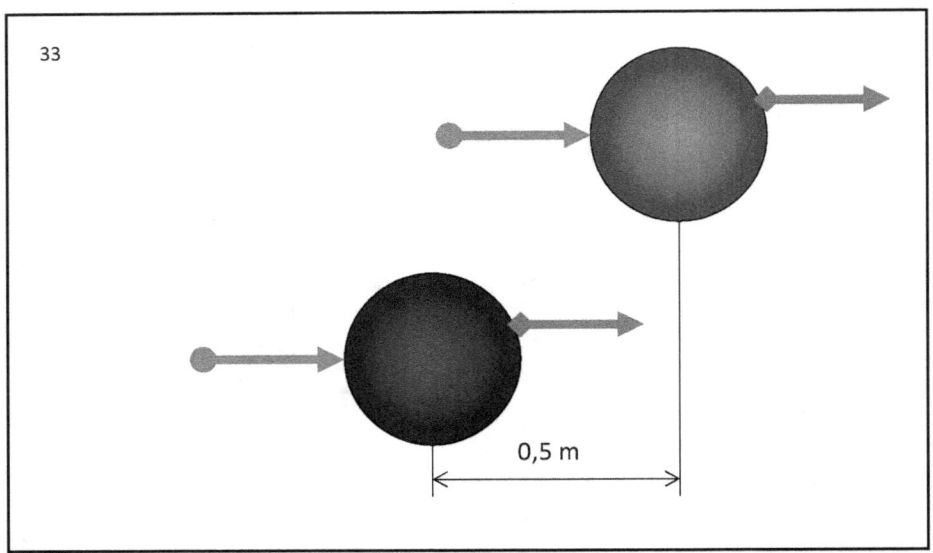

Nella Figura 33, è mostrato che la sfera verde continua ad avere una spinta rossa e che anche alla sfera blu è già stata applicata una spinta rossa.

La sfera blu inizia a muoversi con un'accelerazione di un metro al secondo quadrato. L'azione della spinta rossa sulla sfera blu viene applicata un secondo dopo l'inizio della sfera verde. In un secondo la sfera verde si è allontanata di mezzo metro da quella blu. Questo è mostrato nella figura. Il percorso percorso dalla sfera blu in un dato tempo è lo stesso del percorso della sfera blu, ma con un ritardo di un secondo.

Vedere la Figura 34.

34								
$T_{n=1 \div 7}$	1 sec	2 sec	3 sec	4 sec	5 sec	6 sec	7 sec	8 sec
S	0 m	0,5 m	2 m	4,5 m	8 m	12,5	18 m	24,5

La Figura 34 mostra la tabella del movimento della sfera blu. La riga superiore mostra i punti temporali, la riga inferiore mostra le distanze percorse. La sfera blu si muove per sette secondi. Il conteggio dei secondi inizia alla **fine del primo secondo** e termina alla fine dell'ottavo secondo. Dico questo perché la tabella mostra otto secondi, ma la sfera blu è ferma fino alla fine del primo secondo. Dalla tabella si vede che nel primo secondo di conteggio del tempo la distanza percorsa è pari a zero metri. La sfera blu inizia il suo movimento all'inizio del secondo secondo, e si muove fino alla fine dell'ottavo secondo. Sono sette secondi. In quei sette secondi la sfera blu percorre una distanza di ventiquattro metri e cinquanta centimetri. Il movimento della sfera blu è rappresentato graficamente.

Vedere la Figura 35.

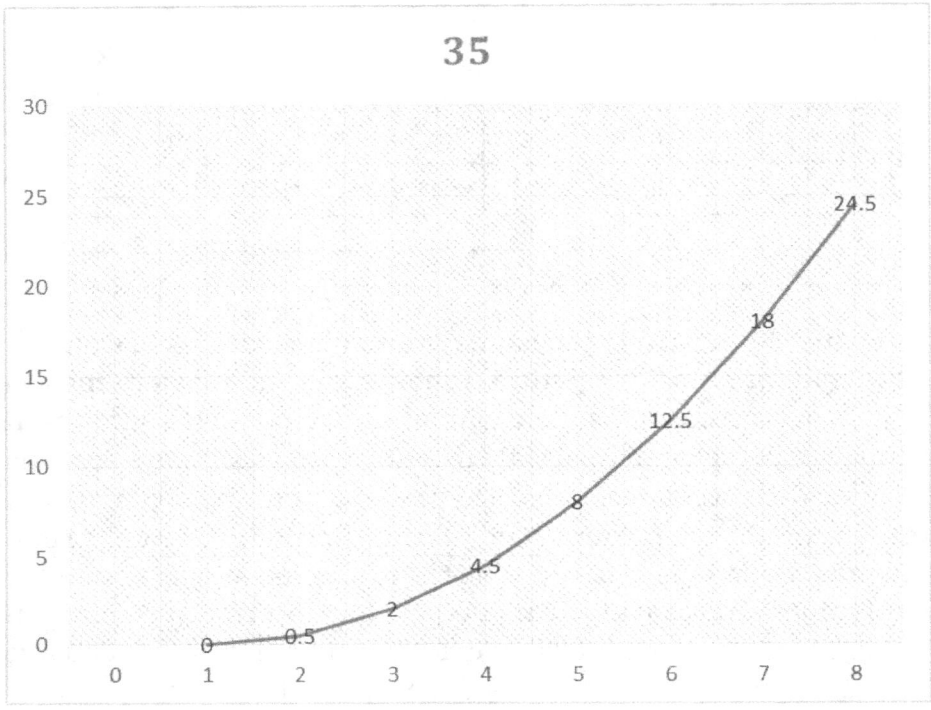

La Figura 35 mostra che la sfera blu ha iniziato il suo movimento un secondo dopo rispetto alla sfera verde. Dal grafico si vede che il movimento della sfera blu inizia alla fine del primo secondo e continua fino alla fine dell'ottavo secondo. Il grafico blu inizia dal secondo e arriva fino al secondo otto. Guarda il grafico.

Il movimento delle due sfere è rappresentato graficamente come segue:

Vedere la Figura 36.

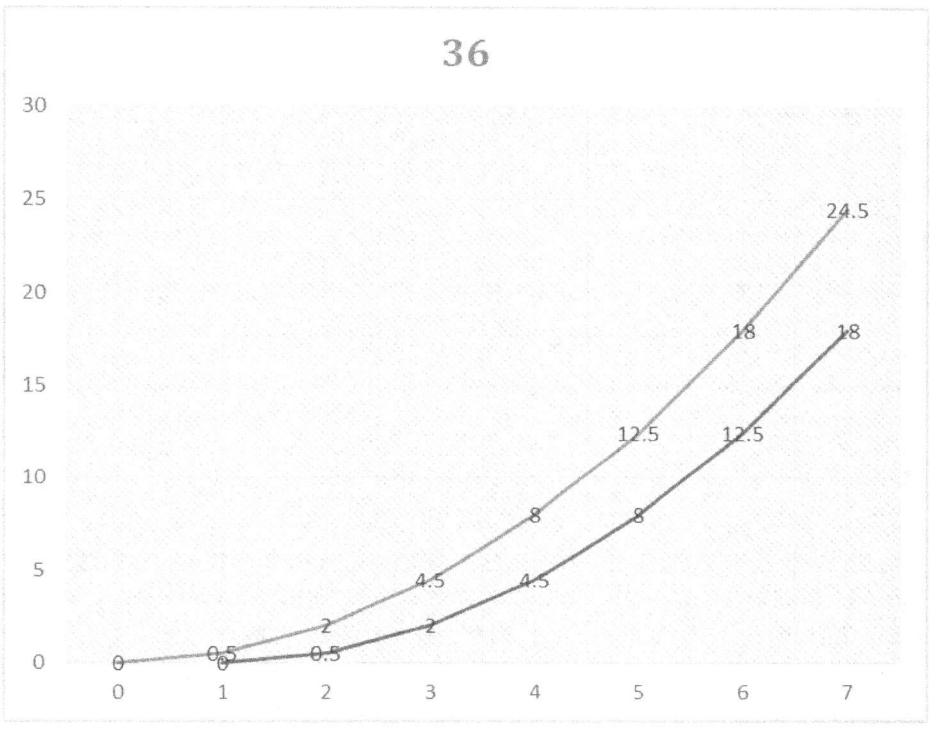

36

La Figura 36 mostra graficamente il movimento simultaneo delle due sfere.

Dal grafico si vede che la sfera verde inizia il suo movimento all'istante zero secondi e che la sfera blu inizia il suo movimento all'istante un secondo.

Confronteremo il percorso percorso dalla sfera blu con il percorso percorso dalla sfera verde.

Vedere la Figura 37.

37

$T_{n=1 \div 7}$	0	1	2	3	4	5	6	7
S	0	0,5	2	4,5	8	12,5	18	24,5

$T_{n=1 \div 7}$		1	2	3	4	5	6	7
S		0	0,5	2	4,5	8	12,5	18

Nella Figura 37 puoi vedere due tabelle posizionate una sopra l'altra. Il tavolo in alto è per la sfera verde, quello in basso è per la sfera blu. I tavoli sono disposti asimmetricamente uno sopra l'altro. La tabella inferiore viene spostata a destra e viene visualizzata la distanza percorsa al settimo secondo. La tabella è spostata perché la sfera blu ha iniziato il suo movimento con accelerazione un secondo dopo rispetto alla sfera verde.

Monitoreremo come cambia la distanza tra le due sfere.

Al secondo secondo dall'inizio del moto di accelerazione, la sfera verde si trova a due metri dall'inizio del suo moto. Guarda i due metri rossi. Il secondo secondo della sfera verde è il primo secondo della sfera blu, e si trova a una distanza di mezzo metro dall'inizio del moto di accelerazione. Guarda il mezzo metro rosso. Pertanto, la proiezione della distanza tra le due sfere alla fine del secondo secondo dall'inizio dell'esperimento è pari a due metri meno mezzo metro, ovvero un metro e mezzo.

Vedere la figura 38.

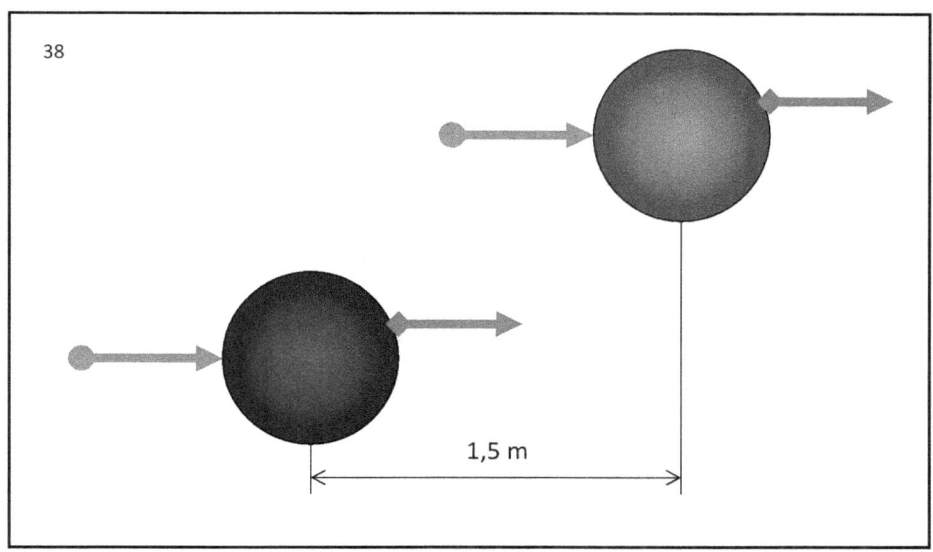

è mostrata **la proiezione della distanza tra le due sfere alla fine del secondo secondo** . Cambiamo le condizioni dell'esperimento. Posizioniamo le due sfere su una linea retta. La direzione della retta coincide con la direzione del moto con accelerazione. Pertanto, la proiezione della distanza coincide con la distanza.

Vedere la figura 39.

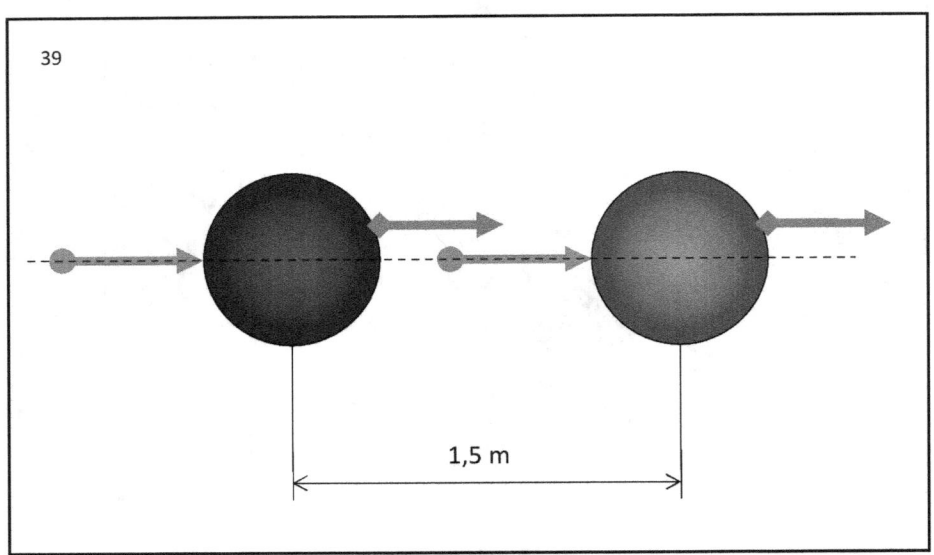

Nella figura 39 è mostrato che le sfere si trovano in linea retta e si muovono una dopo l'altra. In questo modo determiniamo direttamente la distanza tra le due sfere.

La figura mostra che alla fine del secondo secondo la distanza è: (2-0,5=1,5) metri.

Alla fine del terzo secondo la distanza è: (4,5-2=2,5) metri.

Alla fine del quarto secondo la distanza è: (8-4,5=3,5) metri.

Alla fine del quinto secondo la distanza è: (12,5-8=4,5) metri.

Alla fine del sesto secondo la distanza è: (24,5-18=5,5) metri.

Dai calcoli che abbiamo effettuato si vede che la distanza tra le sfere è in costante aumento, e passa da (1,5) un metro e mezzo, aumenta a (2,5) due metri e mezzo, quindi (3,5) tre e un metà , e (4,5)quattro e mezzo e cinque e mezzo (5,5).

Ogni secondo la distanza tra le sfere aumenta di un metro.

Ciò significa che le sfere si muovono **uniformemente in linea retta** , l'una rispetto all'altra, ad una velocità pari a un metro al secondo.

I risultati nella tabella possono essere presentati graficamente. Vedere la figura 40.

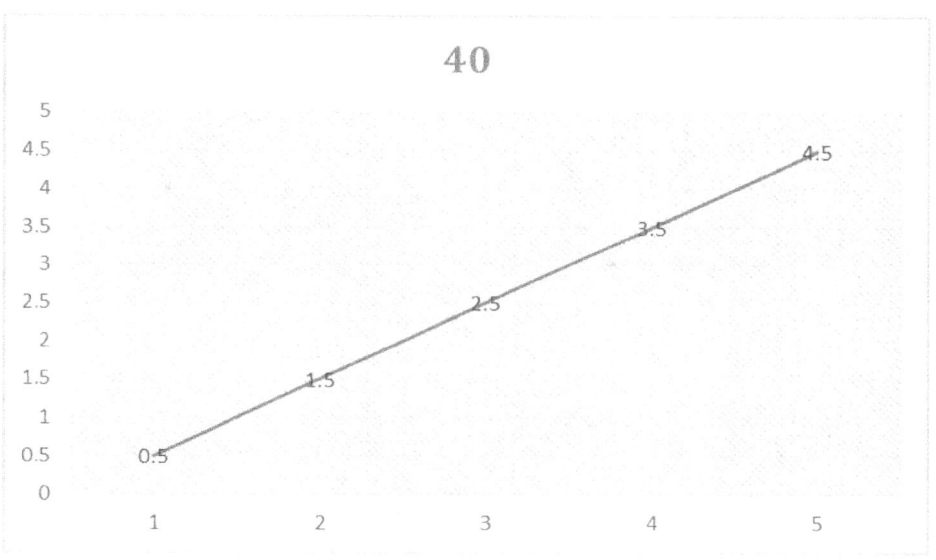

La Figura 40 mostra come cambia la distanza tra la sfera blu e quella verde nel tempo.

Il grafico mostra che le due sfere si muovono l'una rispetto all'altra, in modo uniforme e in linea retta alla velocità di un metro al secondo.

Ora sorge la domanda: è possibile fare un esperimento che mostri una velocità diversa tra le due sfere?

La risposta è sì, è possibile.

Per fare ciò, modifichiamo le condizioni dell'esperimento mentale che stiamo conducendo. Stiamo aumentando il tempo di ritardo dell'inizio della sfera blu. Applichiamo un'azione di forza sulla sfera blu, con un ritardo pari a due secondi, dopo l'avvio della sfera verde.

Vedere la figura 41.

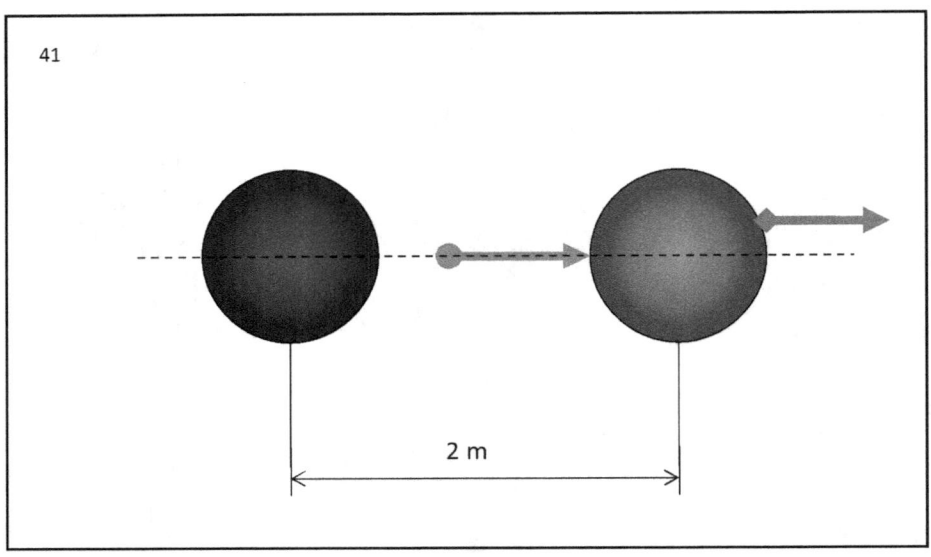

Nella Figura 41, la sfera blu è mostrata a riposo. Alla sfera verde viene applicata una spinta rossa. La sfera verde si muove con un'accelerazione di un metro al secondo quadrato. Due secondi dopo la partenza, la sfera verde percorrerà una distanza di due metri.

Vedere la figura sopra e vedere la figura sotto 42.

$T_{n=1 \div 7}$	0 sec	1 sec	2 sec	3 sec	4 sec	5 sec	6 sec	7 sec
S (m)	0 m	0,5 m	2 m	4,5 m	8 m	12,5	18 m	24,5

Nella figura 42 è mostrata la tabella della distanza che percorre la sfera verde in funzione del tempo. Il grafico del movimento della sfera verde è lo stesso del primo caso.

Vedere la figura 43.

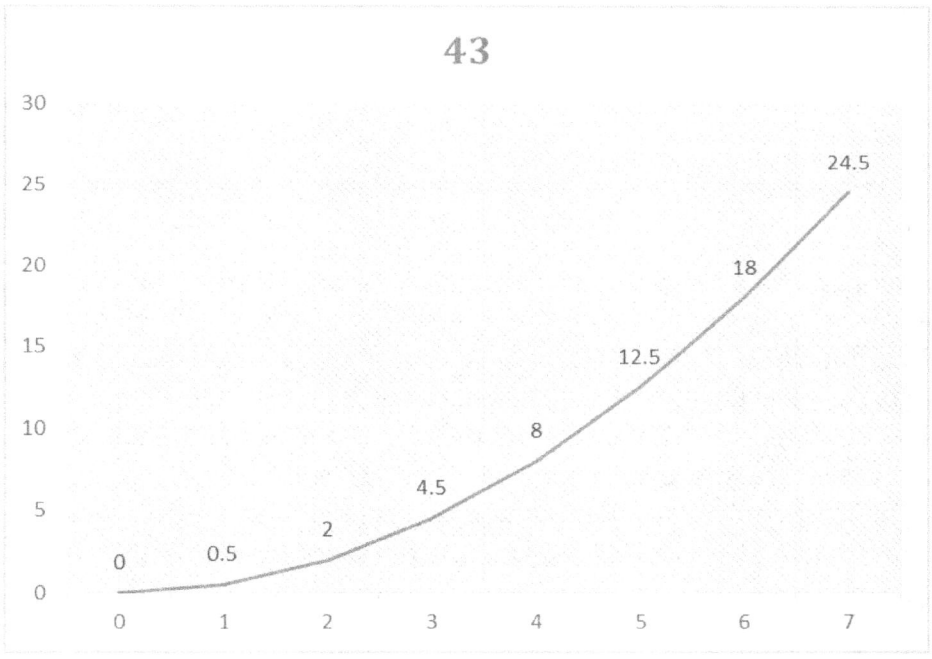

Nella Figura 43 si può vedere che la sfera verde inizia il suo movimento a zero secondi e accelera fino alla fine del settimo secondo.

Al termine del secondo secondo, dall'inizio del movimento della sfera verde, la distanza tra le sfere è di due metri, quindi applichiamo una spinta rossa alla sfera blu.

Vedere la figura 44.

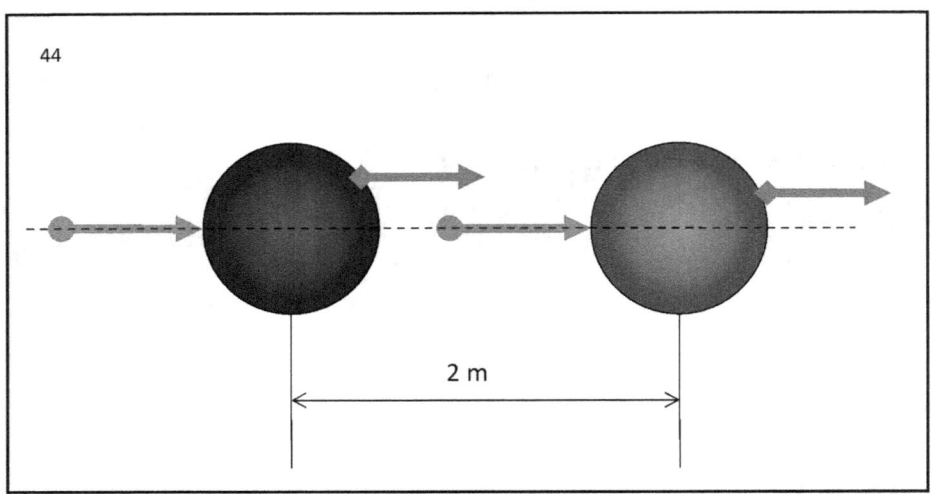

Nella Figura 44 si può vedere che due secondi dopo il lancio della sfera verde, quando la sfera verde si trova a due metri dalla sfera blu, alla sfera blu viene applicata una spinta rossa. La sfera blu si muove dopo la sfera verde. La direzione del movimento della sfera blu corrisponde alla direzione del movimento della sfera verde. Le due sfere si trovano su una linea retta. La sfera blu inizia a muoversi con un'accelerazione di un metro al secondo quadrato, ma inizia il suo movimento alla fine del secondo secondo.

Vedere la figura 45

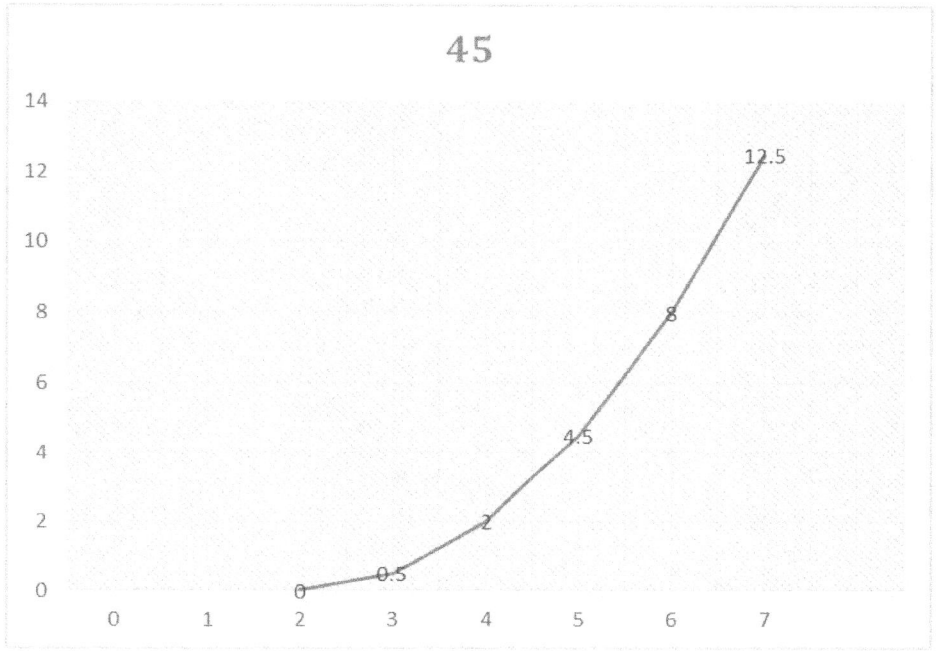

Nella figura 45 è mostrato il grafico del movimento della sfera verde. Il grafico mostra che la sfera blu inizia il suo movimento al secondo secondo e si muove fino alla fine del secondo sette.

Vedere la figura 46.

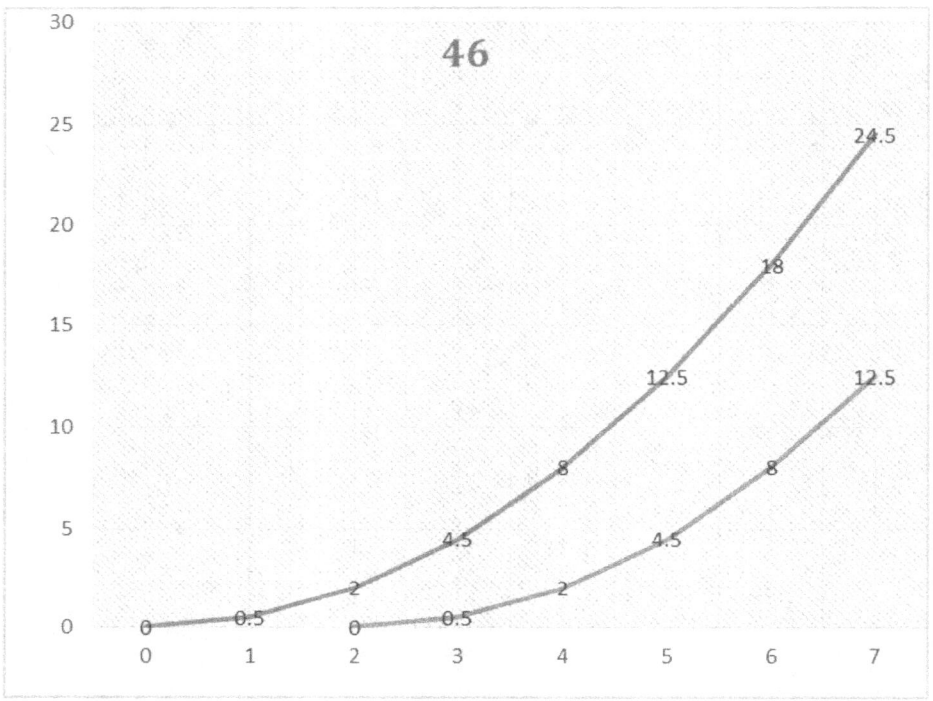

Nella figura 46 è mostrato graficamente il movimento delle due sfere. Il blu inizia il movimento con accelerazione al secondo zero e termina al secondo sette. Il verde inizia al secondo due e termina al secondo sette.

Confrontiamo il percorso e i tempi dei due regni.

Vedere la figura 47.

$T_{n=1\div7}$	0 sec	1 sec	2 sec	3 sec	4 sec	5 sec	6 sec	7 sec
S (m)	0 m	0,5 m	2 m	4,5 m	8 m	12,5	18 m	24,5

$T_{n=1\div7}$	2 sec	3 sec	4 sec	5 sec	6 sec	7 sec
S (m)	0 m	0,5 m	2 m	4,5 m	8 m	12,5

47

Nella Figura 47 sono mostrate due tabelle. La tabella sopra è sulla sfera verde. Il fondo della sfera blu. Le tabelle vengono spostate in modo tale che i risultati relativi al percorso e al tempo sulla sfera verde vengano confrontati con i risultati sulla sfera blu.

La distanza tra le due sfere aumenta come segue:

Alla fine del secondo secondo la distanza è (2-0=2) due metri.

Alla fine del terzo secondo la distanza è (4,5-0,5=4) quattro metri

Alla fine del quarto secondo la distanza è (8-2=6) sei metri.

Alla fine del quinto secondo la distanza è (12,5-4,5=8) otto metri.

Alla fine del sesto secondo la distanza è (18-8=10) dieci metri.

Alla fine del settimo secondo la distanza è (24,5-12,5=12) dodici metri.

Ad ogni kunda successivo, la distanza tra le due sfere aumenta di due metri. Ciò significa che le due sfere si muovono l'una rispetto all'altra alla velocità di due metri al secondo.

Vedere la figura 48.

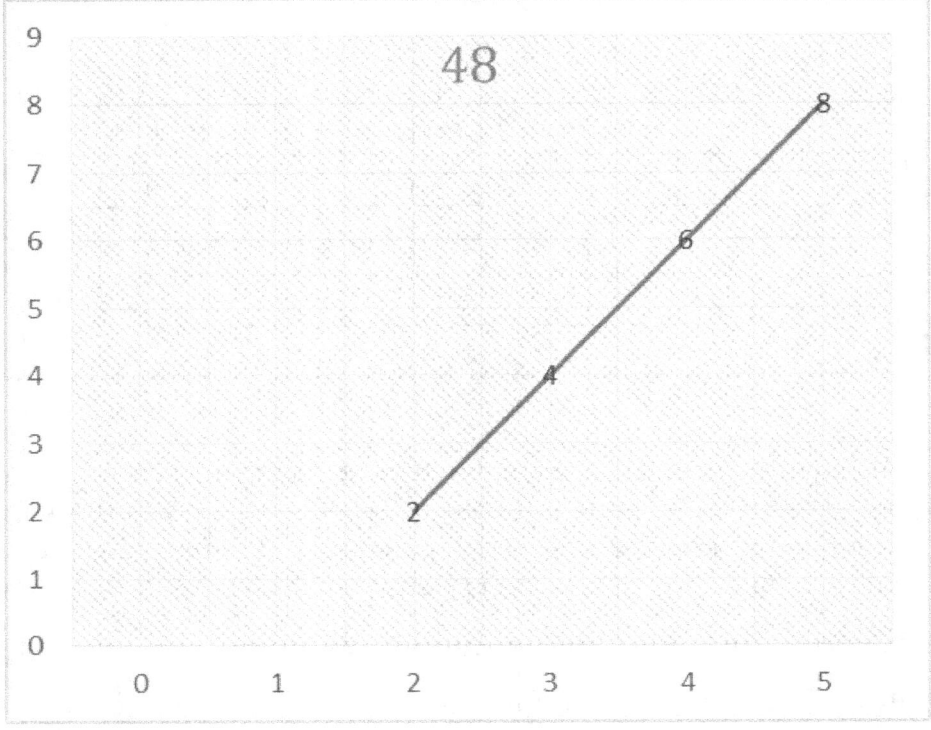

48

Nella figura 48 è mostrato il movimento rettilineo uniforme delle due sfere l'una rispetto all'altra. La sfera verde si muove rispetto a quella blu alla velocità di due metri al secondo.

Il movimento inizia alla seconda seconda e termina alla seconda settima.

Abbiamo fatto esperimenti che dimostrano che siamo in grado di ottenere velocità relative diverse tra le due sfere. Questo risultato ci permette di dedurre una legge naturale che afferma che:

Il movimento rettilineo uniforme tra due corpi fisici può sempre essere rappresentato come movimento con accelerazione di questi due corpi fisici.

Ciò significa che qualsiasi **movimento relativo** può essere rappresentato da **un movimento assoluto** con accelerazione.

Da un punto di vista filosofico, l'ultimo giudizio è strano e necessita di ulteriori analisi e conclusioni e conclusioni pertinenti. Le conclusioni tratte contribuiranno all'arricchimento di alcune categorie filosofiche. Ciò verrà fatto in una fase successiva del processo di ricerca che stiamo portando avanti.

11. SENSAZIONE DELL'AZIONE DELLA FORZA.

Nella realtà che ci circonda c'è un altro fatto al quale dobbiamo prestare particolare attenzione. Stiamo parlando del fenomeno della "sensazione di accelerazione" e della "sensazione di azione della forza", che possono essere combinati in uno solo, un fenomeno denominato "sensazione di azione della forza e movimento con accelerazione". Questo fa parte della vita quotidiana di ogni persona, per questo è sempre chiaro a tutti che quando il treno parte, i passeggeri a bordo lo "sentono" per la spinta che ricevono nel primo momento e per la forza che agisce dopo, che ha senso opposto al senso di marcia. In questo caso nessuno si sorprende che la schiena dei passeggeri seduti venga premuta contro gli schienali del treno.

La ragione di questo fenomeno è la forza inerziale, a volte chiamata forza fittizia.

Tutto quanto detto finora è in accordo con la terza legge di Newton, la quale afferma che ad ogni azione corrisponde una reazione uguale e contraria.

A queste considerazioni dobbiamo aggiungere la seconda legge di Newton, dalla quale risulta chiaro che quando un corpo possiede una certa massa agisce una forza, il corpo comincia a muoversi con accelerazione.

E infatti i passeggeri del treno capiscono subito, guardando fuori dal finestrino, che si stanno muovendo a una velocità crescente, che è un'accelerazione costante.

Separiamo deliberatamente la "sensazione di forza, azione e movimento con accelerazione" in un fenomeno indipendente con una propria essenza che dobbiamo comprendere.

Sorge la domanda: qual è la causa del fenomeno "sensazione di azione di forza e movimento con accelerazione"? La risposta alla domanda che ci diamo è che il fenomeno della "sensazione di azione di forza e movimento con accelerazione" è il risultato dell'azione **complessa della seconda e terza legge di Newton**.

Consideriamo ora un ascensore con passeggeri e sfortunatamente ad un certo punto la fune si rompe. Vedere la figura 49.

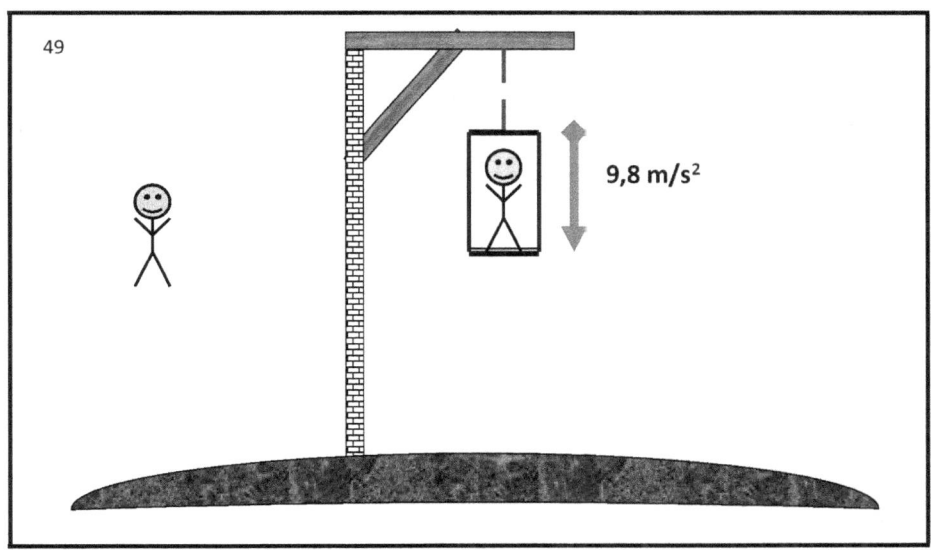

Nella figura 49 è mostrata una porzione della superficie terrestre, un robusto sostegno verticale su cui è fissata una trave orizzontale. L'ascensore è legato alla trave. La corda è rotta. Per la nostra considerazione, non è importante se l'ascensore era in movimento o fermo nel momento in cui la fune si è rotta. L'importante è che l'ascensore comincerà a cadere verso la superficie terrestre e si muoverà con un'accelerazione di nove interi otto decimi di metro quadrato. Il motivo di questa caduta con accelerazione è che l'ascensore, e i passeggeri al suo interno, si trovano nel campo gravitazionale della Terra e sperimentano l'azione della forza di attrazione gravitazionale della Terra.

La caratteristica quantitativa di questa forza fu mostrata da Newton, ed è conosciuta come legge dell'attrazione gravitazionale:

La forza di attrazione gravitazionale tra due corpi è uguale alla massa del primo corpo moltiplicata per la massa del secondo corpo divisa per la distanza tra loro al quadrato.

I passeggeri nell'ascensore non hanno "la sensazione dell'azione della forza di attrazione gravitazionale della Terra". Al contrario, saranno convinti di essere fermi o di moto rettilineo uniforme, e di non essere influenzati da forze che provocano l'accelerazione. I passeggeri nell'ascensore sono convinti che il loro stato sia determinato secondo la prima legge di Newton:

Quando su un corpo non agisce alcuna forza, esso è in uno stato di quiete o di moto rettilineo uniforme.

Va notato che esperimenti mentali simili con gli ascensori furono condotti da Einstein per chiarire la natura dei sistemi di riferimento inerziali e non inerziali. Questi esperimenti mentali sono estremamente importanti e, attraverso un'analisi adeguata, possono rivelare relazioni fondamentali tra movimento, quiete, relativo, assoluto.

All'inizio della nostra presentazione abbiamo definito una chiara dipendenza confermata nella pratica:

Sempre e solo l'azione simultanea e complessa della seconda e della terza legge di Newton è causa del fenomeno

"sensazione dell'azione della forza e del movimento con accelerazione".

Abbiamo motivo di concludere che per i passeggeri dell'ascensore l'effetto complesso della seconda e della terza legge di Newton non è valido.

La seconda e la terza legge di Newton sono alla base della fisica. Queste due leggi sono fondamentalmente universali e comprendono necessariamente tutti i possibili fenomeni nell'Unica Realtà Infinita. L'azione simultanea della seconda e della terza legge mostra l'essenza dei moti assoluti nell'Unica Realtà Infinita. Non ci sono eccezioni.

È necessario scoprire e indicare i motivi per cui i passeggeri nell'ascensore non hanno la "sensazione dell'azione della forza e del movimento con accelerazione".

Vedere la Figura 50.

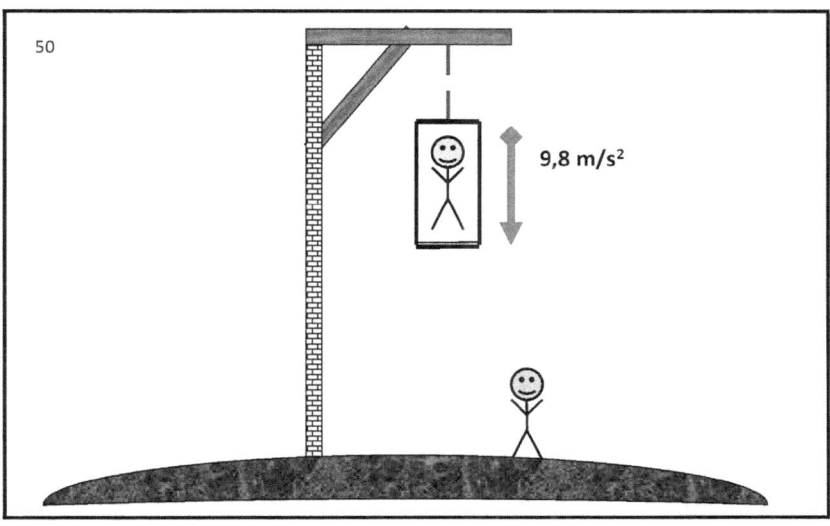

La Figura 50 mostra il telaio portante, la fune rotta,

l'ascensore e un passeggero al suo interno. L'ascensore cade sulla Terra. L'ascensore non ha finestre e il passeggero non riesce a capire cosa gli sta succedendo. Il passeggero sente di essere in uno stato di assenza di gravità. Il viaggiatore conclude di trovarsi nello spazio profondo e il suo stato è descritto dalla prima legge di Newton. Il passeggero è convinto che non vi sia alcuna forza che agisce sull'ascensore e che l'ascensore sia fermo, l'ascensore sia in uno stato di assenza di gravità.

C'è una seconda persona sulla Terra che osserva l'ascensore che cade.

Esiste un collegamento telefonico tra il passeggero e l'osservatore.

L'osservatore chiama al telefono e dice al passeggero che sta cadendo e che quando toccherà il suolo molto probabilmente morirà. Il viaggiatore risponde che questo non è vero e che si trova in uno stato di assenza di gravità e che è a riposo e che l'osservatore sta commettendo qualche errore.

L'osservatore risponde che non c'è errore, che è saldamente piantato sulla superficie terrestre, che ne sente il peso e che osserva l'ascensore cadere.

Il passeggero sorride e dice che se senti davvero peso è perché ti stai muovendo verso di me con accelerazione. Hai allucinazioni o sogni. Questa è la verità.

Vedere la figura 51.

IL TERZO ERRORE DI EINSTEIN

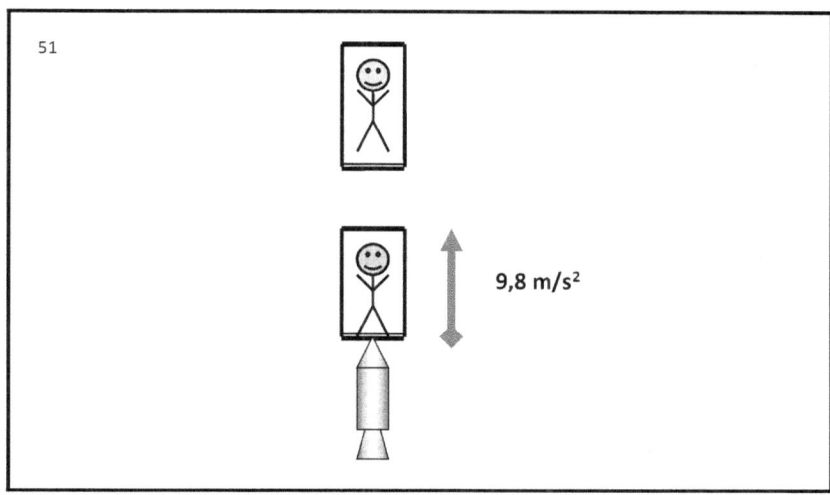

51

9,8 m/s²

La Figura 51 mostra il passeggero nell'ascensore, l'osservatore che si trova in un secondo ascensore. Nella parte inferiore del secondo ascensore viene posizionato un razzo che spinge l'ascensore con l'osservatore verso l'alto. L'ascensore con l'osservatore si muove con un'accelerazione di nove interi e otto decimi di metro al secondo quadrato.

Il passeggero nell'ascensore superiore chiama l'osservatore e gli chiede cosa sta facendo in questo momento.

L'osservatore risponde che si trova in un ascensore che si muove con accelerazione verso l'alto.

Il passeggero gli chiede cosa sente.

L'osservatore dice di essere atterrato saldamente sul fondo dell'ascensore e di sentire l'azione della forza e del movimento con accelerazione, allo stesso modo di quando è atterrato sulla superficie terrestre.

Il passeggero nell'ascensore superiore risponde che questo è il vero stato di movimento e che non è più un sogno.

L'osservatore si chiede perché questo sia lo stato vero.

Il passeggero risponde che ne è sicuro perché esiste un principio che dice:

Sempre e solo l'azione simultanea e complessa della seconda e della terza legge di Newton è causa del fenomeno "sensazione dell'azione della forza e del movimento con accelerazione".

Il principio così definito mostra la differenza tra moti relativi e moti assoluti che hanno luogo nell'Unica Realtà Infinita.

Questo principio mostra che la forza definita nella seconda legge di Newton è fondamentalmente diversa dalla forza di attrazione gravitazionale tra i corpi.

12. FORZA. PUNTO DI AZIONE DELL'APPLICAZIONE.

La seconda legge di Newton afferma che la forza che agisce su un corpo è uguale al prodotto dell'accelerazione per la massa del corpo che si muove con l'accelerazione.

In questo caso, la forza agente, vingi, ha un punto di azione applicato. Un sito d'azione è una posizione specifica sul corpo. Il luogo dell'azione è una superficie sulla quale almeno due corpi sono premuti l'uno contro l'altro. Questa superficie in fisica è chiamata punto di applicazione. Da un punto di vista filosofico, il concetto di punto, con cui si denota il fenomeno del punto, è soggetto a serie critiche. Il problema è che non esiste alcun fenomeno puntuale nell'Unica Realtà Infinita. Il concetto di punto serve solo a denotare un'astrazione umana, nella mente dell'uomo. Nella scienza della matematica viene utilizzato il concetto di punto e ha un certo contenuto matematico, che è ancora una volta un'astrazione. Nelle scienze fisiche il concetto di punto dovrebbe essere sostituito dal concetto di luogo.

Così agì Newton nei "Principi matematici della fisica". Nei "Principi" Newton non utilizza il concetto di punto. Nei "Principi", Newton definisce il fenomeno del luogo, e usa il concetto di **luogo** ogni volta che dovrebbe usare il concetto di punto.

Questo fatto è estremamente importante per la ricerca che stiamo facendo e dovrebbe essere ricordato.

13. TIPI DI FORZE. MANIFESTAZIONE DEL POTERE. CAUSA EFFETTO.

Ci sono due tipi di forze nella fisica moderna. Forze reali e forze fittizie. Le forze fittizie appaiono e agiscono quando c'è **un'azione reciproca simultanea** tra almeno due cose.

Le azioni reciproche simultanee sono indicate con il termine

ВЗАИМНОДЕЙСТВИЕ

.

La parola

ВЗАИМНОДЕЙСТВИЕ

, è scritta in cirillico slavo-bulgaro.

Suggerisco, nella scrittura inglese, di usare la parola

MUTUALISACTION

.

Spero che gli specialisti in questo campo accettino il mio suggerimento e, quando necessario, ne citino l'origine.

La parola

ВЗАИМНОДЕЙСТВИЕ

= *MUTUALISACTION*, è un verbo e significa azioni parallele e simultanee eseguite da cose **intere**. Il concetto di **interazione** = *ВЗАИМНОДЕЙСТВИЕ* = *MUTUALISACTION*, è una categoria filosofica. Attraverso la categoria **interazione** = *MUTUALISACTION*, si indica l'azione reciproca tra due cose intere. Ciascuno dei due interi che interagiscono tra loro è sempre una **parte intera** dell'intera **Realtà** Infinita.

Un'intera parte dell'Unica Realtà Infinita è definita dal movimento assoluto che quella parte esegue in relazione all'intera Realtà Infinita.

Le forze fittizie appaiono e agiscono quando un movimento assoluto è correlato a un altro movimento assoluto. Esempi tipici di ciò sono il modo in cui appaiono, la forza di Coriolis, la Forza della Coppa e il modo in cui gli oggetti quantomeccanici interagiscono tra loro.

La forza di Coriolis si verifica quando il moto rotatorio assoluto del pianeta Terra è correlato al moto assoluto del pendolo di Foucault.

La forza della coppa si verifica quando il movimento rotatorio assoluto della coppa attorno ad un centro è correlato al movimento rotatorio della piattaforma attorno al proprio centro.

La forza di rotazione, sul retro della coppa, appare quando il movimento rotatorio assoluto dell'intera **coppa**, attorno a un asse, è correlato al movimento rotatorio assoluto dell'intera **freccia**, che indica la direzione della forza centrifuga, attorno allo stesso asse.

Nota: gli ultimi due giudizi sono spiegati nel post Dark Energy Dark Matter.

Casi tipici di **interazioni** = *MUTUALISACTION*, avvengono tra oggetti quantomeccanici. La scienza della meccanica quantistica studia e descrive come un intero quanto si relaziona a un altro intero quanto attraverso il fenomeno di *MUTUALISACTION*.

In questo modo il quanto diventa **intero** nel tempo e **intero** nello spazio. Pertanto, il quanto può eseguire *MUTUALISACTION* e cambiare **quanto**, in porzioni, che è **un cambiamento di stato**. Pertanto, ogni **quanto**, cambiamento di **stato**, è un multiplo del quanto di Planck, la costante h.

Il cambiamento di **stato** del **quanto** coinvolge tutte **le parti** dell'intero **quanto**, per cui **l'intero** quanto interagisce con **l'intera Realtà Infinita**, il **tutto** con **il tutto**.

Il cambiamento di stato avviene nel **presente** ed è logicamente assolutamente simultaneo per **tutta** la Realtà, Una, Infinita.

In questo senso, l'istante del presente è un intervallo di tempo pari a zero, e separa il passato dal futuro.

Il presente assoluto è relativo, solo e soltanto, generalmente **al** passato, e solo, e solo, generalmente **al** futuro. In questo modo appaiono i cambiamenti paralleli della realtà. E questo, ancora una volta, è **un cambiamento di stati**, attraverso le interazioni=

MUTUALISACTION.

Gli stessi cambiamenti paralleli ricevono l'essere nell'unico presente, dove e nel quale è possibile rapportarsi tra loro, cose intere con altre cose intere. Queste sono le relazioni di alcune **parti intere** con altre **parti intere**. Le parti intere possono essere **parti intere diverse** di un **tutto** o **parti intere diverse** di cose **intere diverse**.

Il cambiamento di stato è un processo che dimostra l'esistenza di una simultaneità logicamente assoluta, e a questo proposito si pone la questione estremamente importante:

Qual è il portatore di questa simultaneità o, per dirla in altro modo, qual è il fenomeno attraverso il quale questa simultaneità può essere trasformata, ridotta a una quantità fisica quantificabile?

La risposta a queste due domande si riduce a trovare prove fisiche, dati empirici e fatti che dimostrino inequivocabilmente l'esistenza dei portatori di moti paralleli, che nella scienza moderna sono conosciuti come azione a distanza, nella meccanica newtoniana classica, o come azione non locale interazione, nella meccanica quantistica, o come movimento con velocità infinitamente alta, nella teoria della relatività, che nella nostra ipotesi è **un cambiamento di stati, attraverso l'interazione** =

MUTUALISACTION.

Ancora una volta dobbiamo prestare attenzione al fatto che la scienza moderna non è in grado di indicare il portatore di un cambiamento di stato, attraverso

MUTUALISACTION

interazione, o che è lo stesso, per indicare qualche nuovo campo che renda possibile il non-locale

MUTUALISACTION =

interazione , tra le cose.

A questo proposito, e come risultato dell'analisi, proponiamo di chiamare il portatore dell'azione distante, indicato con il termine **campo di sforzo** .

Nella fisica moderna c'è l'idea che l'azione distante sia un movimento a velocità infinitamente elevata. Nel libro "Il secondo errore di Einstein" ho spiegato e dimostrato che l'espressione " **movimento con velocità infinitamente grande** " è errata. Ciò che la scienza umana chiama " **movimento con velocità infinitamente grande** " **non è velocità** .

Ma questo non significa che un fenomeno del genere non esista. Ciò che la gente chiama " **movimento a velocità infinita** " è **un cambiamento di stati** ed è una proprietà fondamentale **dell'Unica Realtà Infinita** .

È proprio questo processo attraverso il quale avviene **il cambiamento di stato** che io chiamo **reciprocità=**

ВЗАИМНОДЕЙСТВИЕ

= *MUTUALISACTION* .

14. PRINCIPIO DI UNIFORMITÀ.

Nell'ipotesi che presento, **il Principio di Equivalenza di Einstein** è sostituito dal **Principio di Uguaglianza** . Ciò significa che il movimento di un corpo che cade in un campo gravitazionale è **uniformemente rettilineo** , ovvero è in uno stato di **relativo riposo** .

Vedere la figura 52.

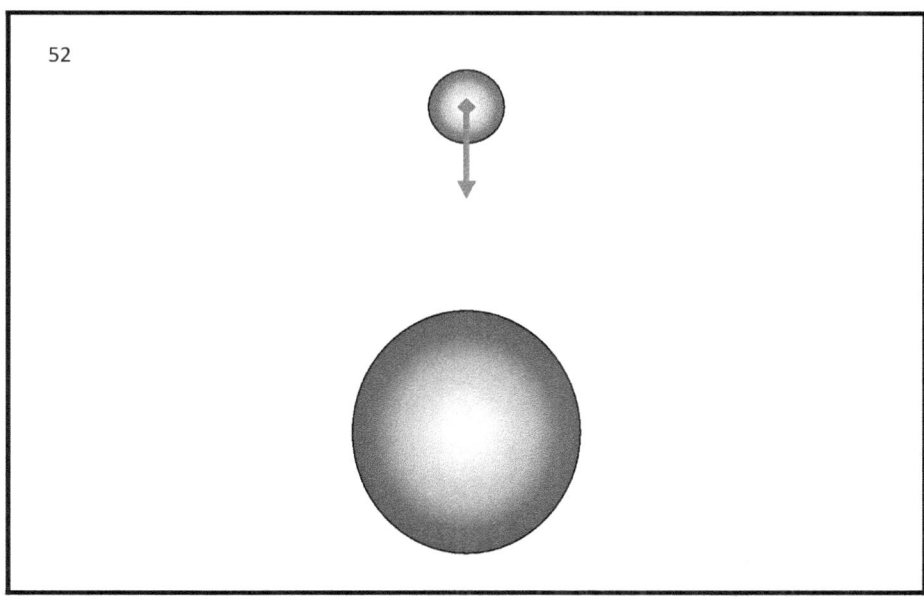

Nella Figura 52 sono mostrate due sfere. La grande sfera è stazionaria e possiede una grande massa e un potente campo gravitazionale. La sfera piccola "cade" verso la sfera grande, e si muove con **accelerazione** , ma non sente l'azione di una forza e non sente che si muove con **accelerazione**. Questo è **il principio di equivalenza di Einstein**.

Sostituiamo **il Principio di Equivalenza di Einstein** con il **Principio di Uguaglianza**.

Vedere la figura 53.

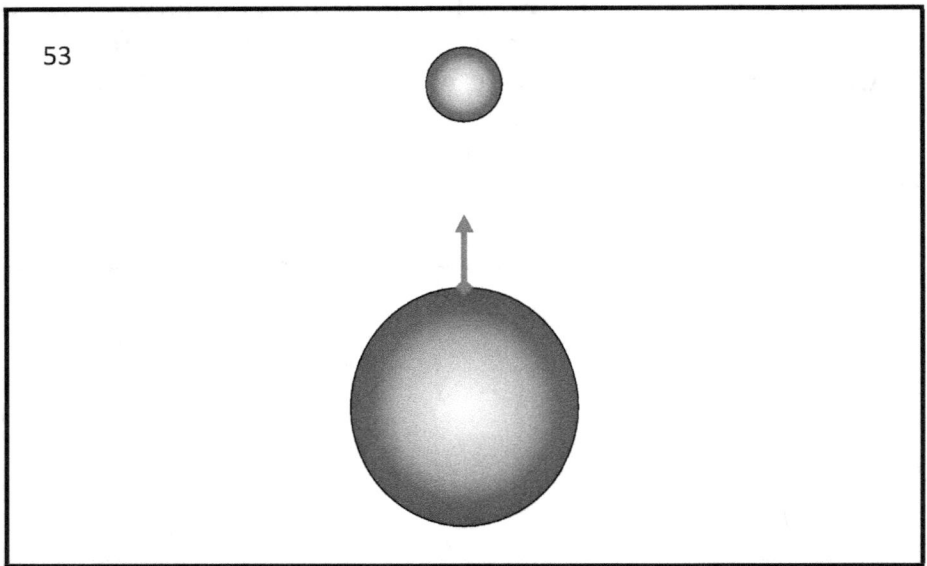

Nella Figura 53 sono mostrate due sfere. La grande sfera è stazionaria e possiede una grande massa e un potente campo gravitazionale. La sferetta non avverte "azione di forza", e non avverte "movimento con accelerazione", quindi la sferetta si trova in **uno stato di quiete o di moto rettilineo uniforme**. Ciò significa che la superficie della sfera grande si muove con **accelerazione** verso la sfera piccola. È necessario sottolineare che solo e soltanto **la superficie** della sfera grande si muove con **accelerazione** verso la sfera piccola. Il centro della sfera grande è stazionario rispetto alla sfera piccola. Da quanto ho detto ne consegue che la grande sfera **aumenta costantemente il suo raggio**, e tutta la superficie della grande sfera si **allontana** dal centro della grande sfera, con **un'accelerazione di** . Per farla breve e semplice, la grande sfera si gonfia come un palloncino.

So benissimo che alcuni lettori obietteranno fortemente che ciò è impossibile.

Continuo a sostenere che ciò è possibile e che:

Il "BORDO" dell'intera Realtà Una Infinita, si allontana da ogni sua intera parte con accelerazione crescente e variabile.

La condizione necessaria e sufficiente per il movimento continuo con accelerazione crescente e accelerazione variabile è che l'Unica Realtà Infinita deve essere **infinita** . Devo ricordare che all'inizio della mostra abbiamo creato un'area di definizione.

Nel regno delle definizioni, il principio quattro afferma: la realtà è **infinita** .

15. RAPPRESENTAZIONE GRAFICA

L'Unica Realtà Infinita si sta "espandendo" con crescente accelerazione. L'accelerazione incrementale è **un'accelerazione totale e integrale costante** . In luoghi specifici, nell'Unica Realtà Infinita, l'accelerazione locale è diversa. L'accelerazione locale può essere differenzialmente decrescente, differenzialmente crescente o differenzialmente costante. L'Unica Realtà Infinita è spazialmente tridimensionale. L'accelerazione dell'Unica Realtà Infinita Spazialmente tridimensionale avviene in modo assolutamente simultaneo lungo le tre dimensioni spaziali. Le tre dimensioni spaziali vengono presentate al pensiero umano attraverso un sistema di coordinate tridimensionale.

Vedere la figura 54.

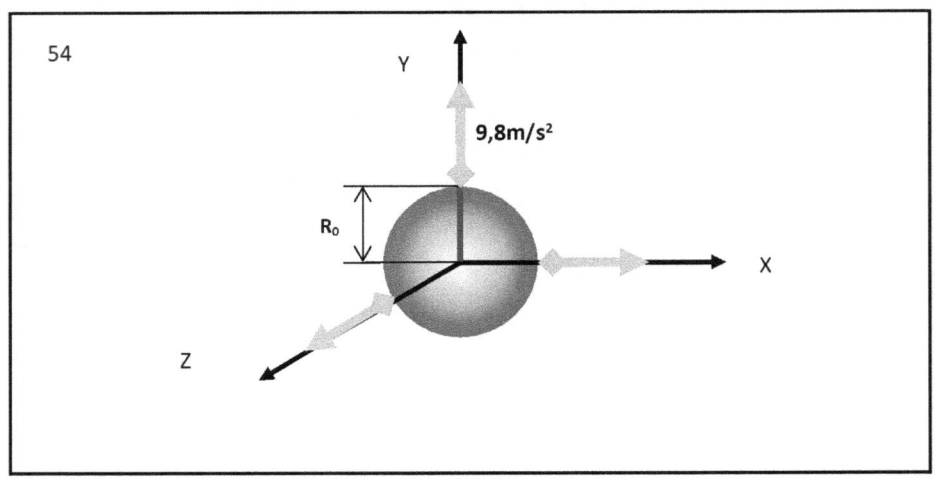

Nella figura 54 è mostrato un sistema di coordinate

composto da tre assi. L'origine del sistema di coordinate si trova al centro di una sfera.

Il sistema di coordinate e la sfera si trovano al centro dell'Unica Realtà Infinita. Supponiamo che la sfera sia il pianeta Terra. L'accelerazione della superficie terrestre, rispetto al centro del pianeta Terra, è pari a nove interi otto decimi di metro al secondo quadrato. L'accelerazione è mostrata dalla freccia verde, il raggio è mostrato in blu. Ciò significa che la lunghezza del raggio del pianeta Terra aumenta con un'accelerazione pari a nove interi e otto decimi di metro al secondo elevati alla seconda potenza. Ciò significa che dopo qualche tempo la dimensione del pianeta Terra sarà due volte più grande.

Vedere la figura 55.

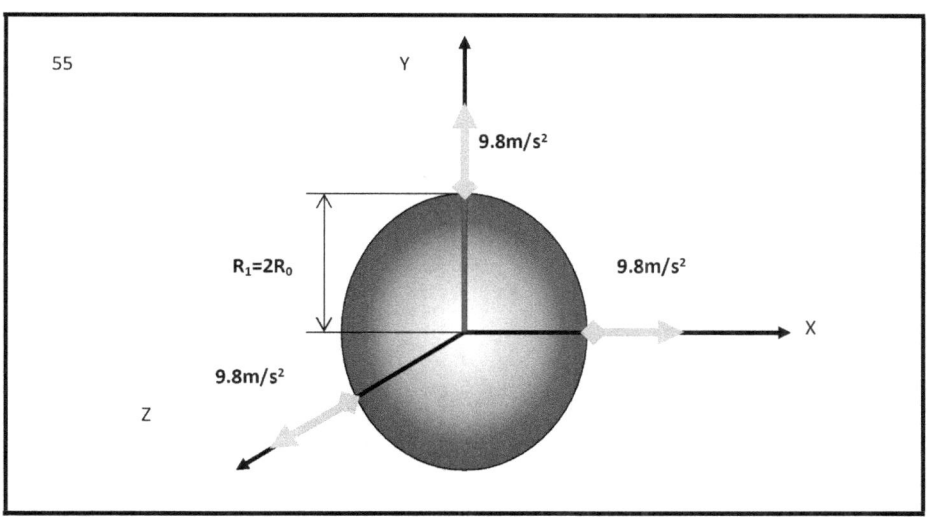

Nella figura 55 sono mostrati il sistema di coordinate e il pianeta Terra. Il raggio del pianeta Terra è due volte più grande.

Gli esseri umani intelligenti e pensanti che abitano il pianeta Terra non notano l'aumento delle dimensioni della Terra. La ragione di ciò è che tutti i corpi solidi e gli oggetti che si trovano sulla superficie della Terra aumentano di dimensioni in proporzione all'aumento del raggio del pianeta Terra. Quando l'ingrandimento è proporzionale, il rapporto tra le dimensioni spaziali dei diversi oggetti non cambia. Il rapporto viene mantenuto costante. Il rapporto è una costante.

Quando il rapporto delle dimensioni spaziali è costante, l'aumento delle dimensioni spaziali non può essere registrato dagli strumenti di misurazione. Non può essere notato dai ricercatori che misurano le distanze.

Vedere la figura 56.

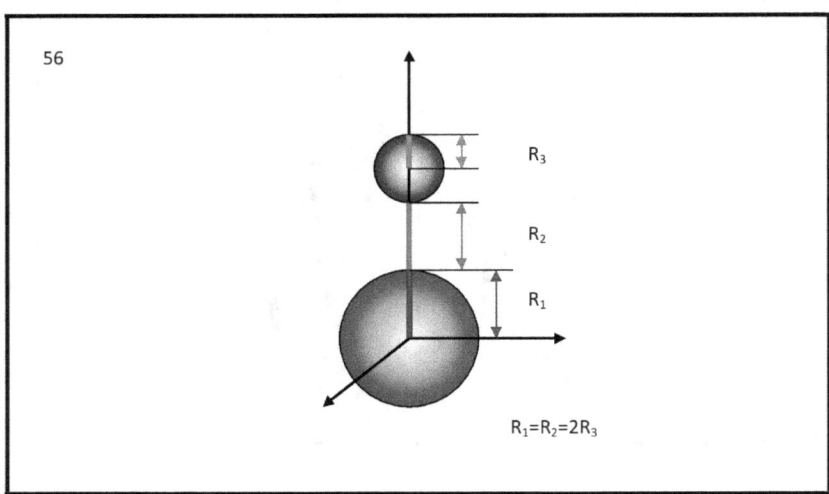

Nella figura 56 sono mostrati il sistema di coordinate e due sfere. Una sfera grande e una sfera piccola. La sfera grande è il pianeta Terra prima che aumentasse il suo raggio. Il raggio del pianeta Terra è mostrato in blu. La piccola sfera si trova sull'asse verticale del sistema di coordinate. Il raggio della piccola sfera è mostrato in rosso. Il raggio del pianeta Terra è il doppio del raggio della piccola sfera. La distanza tra la Terra e la piccola sfera è mostrata in verde. La distanza tra la Terra e la piccola sfera è uguale al raggio della Terra. La distanza tra la Terra e la piccola sfera non cambia. La terra e la piccola sfera sono in riposo l'una rispetto all'altra.

Il raggio della terra raddoppia di un'accelerazione di nove interi e otto decimi di metro al secondo quadrato.

Vedere la figura 57.

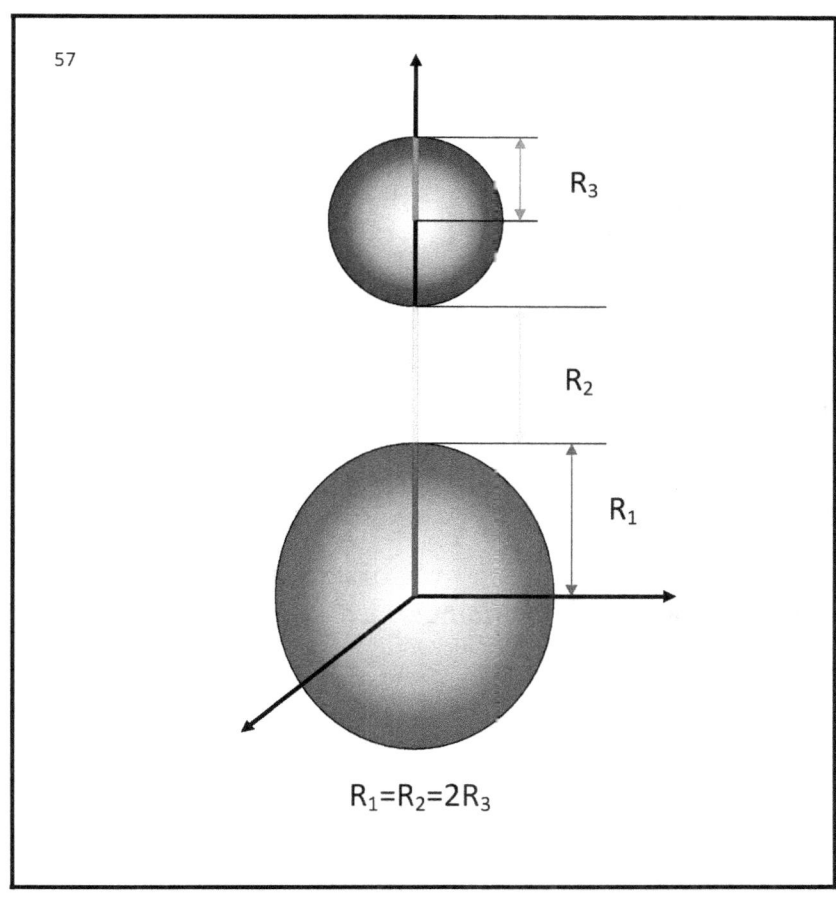

Nella figura 57 è mostrato il pianeta Terra, il sistema di coordinate della piccola sfera.

Il raggio della Terra è raddoppiato.

Il raggio della piccola sfera è raddoppiato.

La distanza tra la Terra e la piccola sfera è aumentata due volte.

In queste condizioni le relazioni tra le dimensioni si mantengono costanti.

Il rapporto tra il raggio della Terra e il raggio della piccola sfera non cambia.

Il rapporto tra il raggio della Terra e la distanza dalla piccola sfera non cambia.

Anche il rapporto tra il raggio della piccola sfera e la distanza non cambia.

Tutti i corpi fisici che esistono sul pianeta Terra hanno aumentato le loro dimensioni spaziali e ora sono due volte più grandi. Il ricercatore che effettuerà la misurazione è grande il doppio. Il misuratore dell'esploratore è due volte più grande.

L'ingrandimento della Terra, l'ingrandimento della piccola sfera, l'ingrandimento della distanza, non si notano.

Il risultato della misurazione è che le due sfere mantengono le loro dimensioni e sono a riposo l'una rispetto all'altra.

16. CONDIZIONE DI RIPOSO RELATIVO

Il raggio della Terra è una certa lunghezza. La superficie della Terra si allontana dal centro della Terra con un'accelerazione di nove interi otto decimi al secondo quadrato. Il raggio della piccola sfera è il doppio del raggio della Terra. Le dimensioni di questi due raggi sono relative tra loro a riposo. Pertanto l'accelerazione con cui aumenta il raggio della piccola sfera è due volte più piccola dell'accelerazione della Terra. L'accelerazione del raggio della piccola sfera è pari a quattro metri interi e nove decimi al secondo quadrato. Il numero quattro intero e nove decimi è la metà del numero nove intero e otto decimi.

Vedere la figura 58.

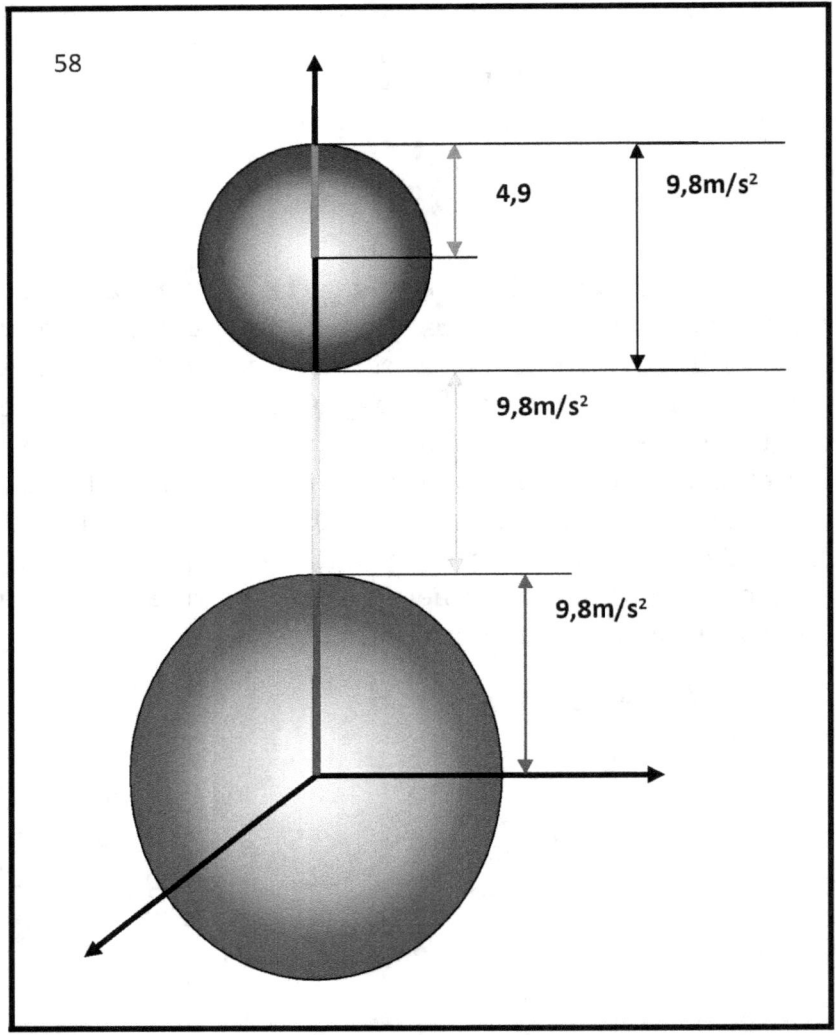

Nella Figura 58 sono mostrate la Terra, la piccola sfera e la distanza tra la Terra e la piccola sfera. Sono mostrate le accelerazioni con cui aumentano le dimensioni dei due raggi, e l'accelerazione con cui aumenta la distanza tra la Terra e la piccola sfera. A queste accelerazioni e a queste distanze la Terra e la piccola sfera si trovano in uno stato di relativo riposo.

Lo stato di riposo relativo è possibile anche ad altre

distanze tra la Terra e la piccola sfera.

Vedere la figura 59.

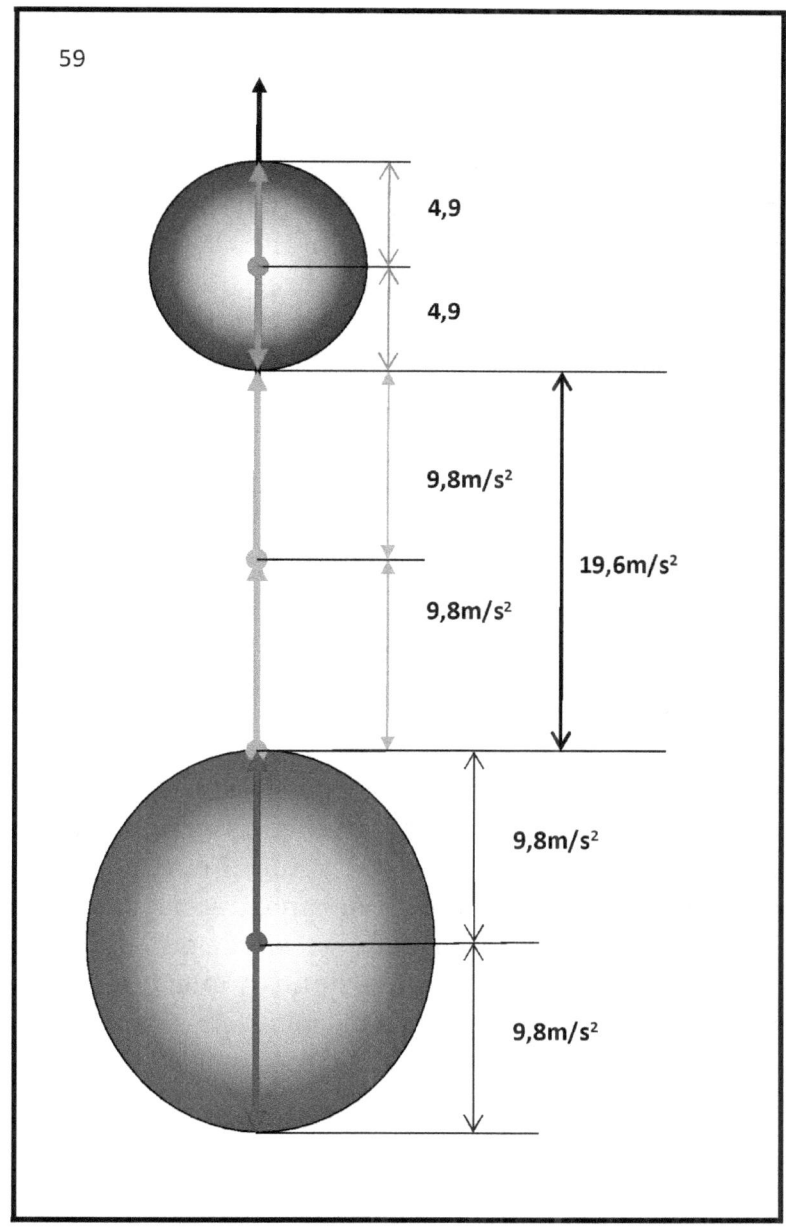

Nella Figura 59 sono mostrati una sfera grande-Terra, una sfera piccola e **l'asse verticale** del sistema di coordinate. L'asse verticale del sistema di coordinate inizia dal centro della Terra e termina sopra la superficie della piccola sfera. Questa è la freccia nera visibile in alto.

Viene mostrato il diametro della Terra, che è blu, e l'accelerazione della superficie terrestre rispetto al centro della Terra. Si tratta di due raggi blu che partono dal centro della Terra e sono perpendicolari. Uno in alto, l'altro in basso. Sulla destra ci sono numeri e doppie frecce che mostrano l'entità dell'accelerazione del suolo. Nove metri interi e otto decimi al secondo quadrato è l'accelerazione della terra, rispetto al centro della terra.

Sono mostrati il diametro della sfera piccola, in rosso, e le accelerazioni dei raggi della sfera piccola, in rosso. Le accelerazioni dei due raggi della piccola sfera sono indicate con doppie frecce rosse, numeri. Le accelerazioni sono in direzioni opposte, dal centro della piccola sfera alla superficie della piccola sfera. L'accelerazione della superficie della piccola sfera, rispetto al centro della piccola sfera, è pari a quattro metri interi e nove decimi al secondo quadrato.

Viene mostrata la distanza tra la Terra e la piccola sfera, che è doppia rispetto alla distanza nella figura precedente. La lunga distanza è indicata con una linea verde. L'entità e la direzione dell'accelerazione sono indicate da una freccia verde. I numeri mostrano i valori numerici delle accelerazioni. Il doppio della distanza ha il doppio dell'accelerazione. A queste dimensioni e a queste accelerazioni, la Terra e la piccola sfera si trovano di nuovo in uno stato di relativo riposo l'una rispetto all'altra.

Le figure mostrano che i moti assoluti con accelerazione sono relativi tra loro e sono in quiete relativa.

Le figure mostrano che la quiete relativa è un caso speciale di moto assoluto con accelerazione.

Ciò significa che qualsiasi **quiete relativa può essere ridotta a moto assoluto con accelerazione.**

Sottolineerò ancora una volta che questa è una proprietà estremamente importante e fondamentale della quiete e del movimento, e che la fisica moderna non ha prestato sufficiente attenzione a questo fatto.

La condizione per il riposo relativo è:

$$\frac{a_n}{S_n} = const.$$

Dove:

$$n = 1; 2; 3; \ldots \to \infty$$

, è un numero progressivo.

a_n - è l'accelerazione con un numero ordinale

che corrisponde ad una distanza precisamente definita S_n avente lo stesso numero ordinale.

S_n - è una distanza con un numero ordinale che corrisponde ad un'accelerazione ben definita a_n, con lo stesso numero ordinale.

$const.$ - è una costante numerica uguale per l'intero insieme costituito dalle relazioni tra accelerazioni e distanze che hanno lo stesso numero ordinale.

17. REALTÀ TRIDIMENSIONALE. REALTÀ UNIDIMENSIONALE.

L'Unica Realtà Infinita è tridimensionale. Dal punto di vista della scienza matematica, l'Unica Realtà Infinita può essere rappresentata da più di tre dimensioni. A questo punto è ridondante.

Uno spazio tridimensionale è rappresentato da un sistema di coordinate a tre assi. Uno spazio tridimensionale che è in uno stato di accelerazione rispetto al suo centro aumenta di dimensione lungo i tre assi.

L'aumento delle dimensioni dei tre assi del sistema di coordinate è assolutamente simultaneo.

L'aumento delle dimensioni dei tre assi del sistema di coordinate viene effettuato con la stessa accelerazione.

Vedere la Figura 60.

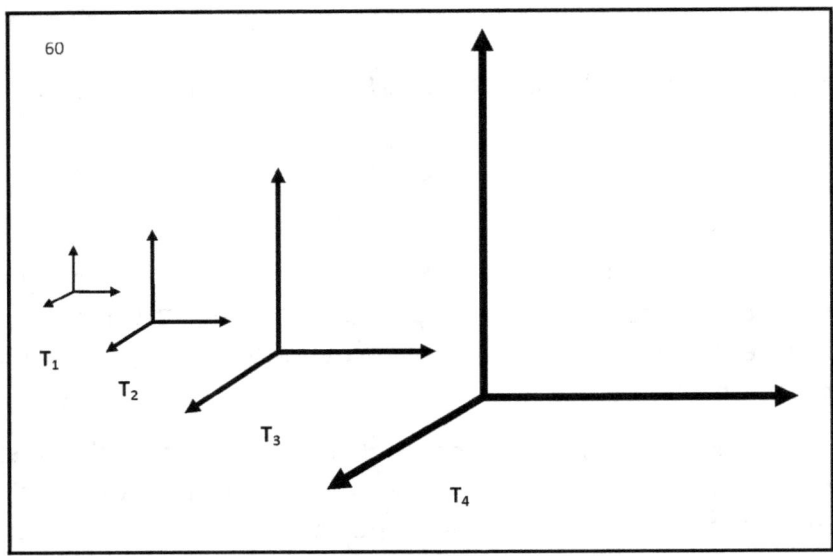

Nella figura 60 sono mostrati quattro sistemi di coordinate che hanno dimensioni diverse.

È un sistema di coordinate che ridimensiona la dimensione dei tre assi in quattro istanti di tempo. In ogni istante di tempo successivo, il sistema di coordinate è due volte più grande del precedente. Ciascuno dei quattro sistemi di coordinate, in ogni dato momento nel tempo, è a riposo rispetto a se stesso.

Ciascuno degli assi del sistema di coordinate tridimensionale rappresenta una Realtà Unidimensionale.

Vedere la figura 61.

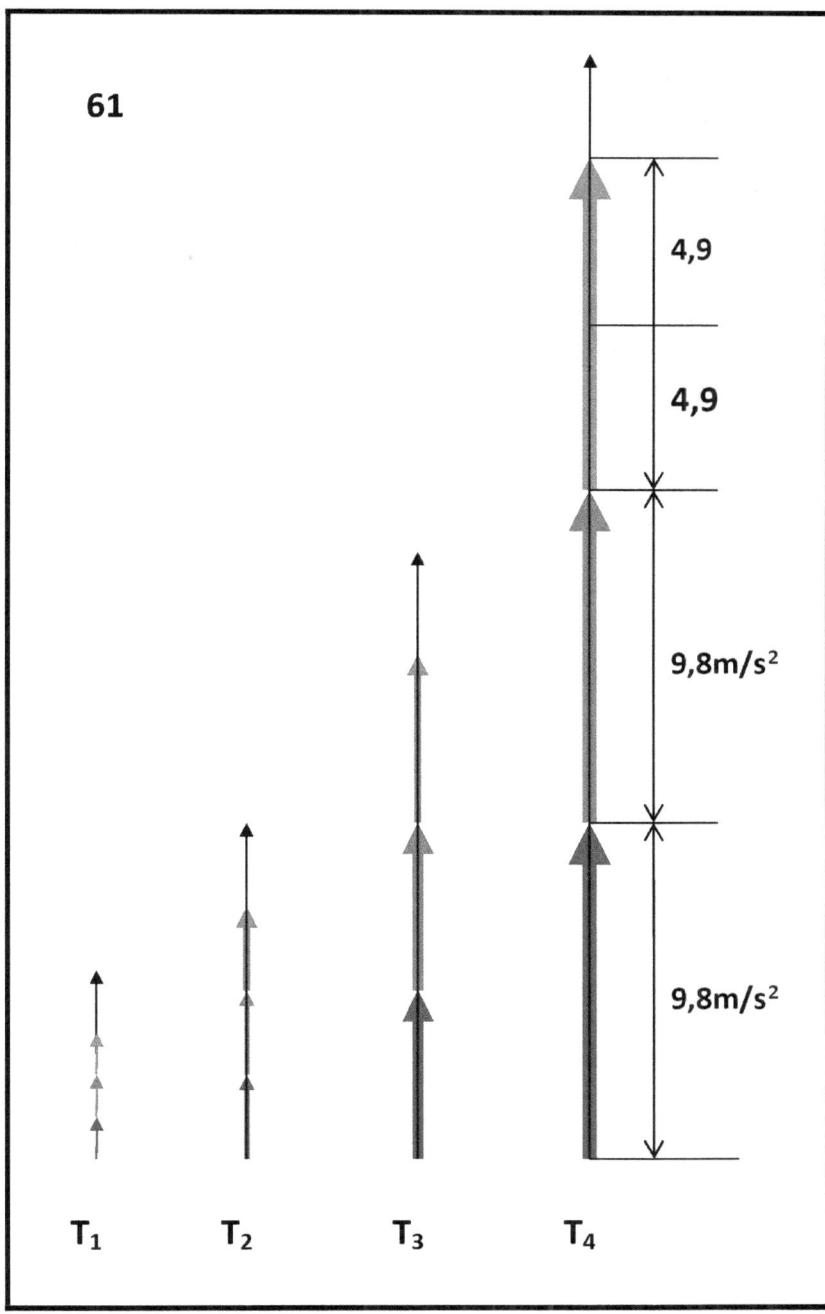

Nella Figura 61 è mostrato solo l'asse verticale del sistema di coordinate tridimensionale. L'asse verticale è una realtà unidimensionale. Vengono mostrati quattro momenti consecutivi di tempo, di realtà unidimensionale. Vengono visualizzate le accelerazioni e gli incrementi di distanza. In blu è mostrata l'accelerazione e l'aumento delle dimensioni del raggio del pianeta Terra. Il colore verde mostra l'accelerazione e l'aumento della distanza tra il pianeta Terra e la piccola sfera. In rosso è mostrata l'accelerazione e l'aumento delle dimensioni del diametro della piccola sfera.

La sottile freccia nera è l'asse verticale della realtà tridimensionale.

L'aumento delle distanze, in funzione dell'aumento del tempo, è presentato graficamente.

Vedere la figura 62.

IL TERZO ERRORE DI EINSTEIN

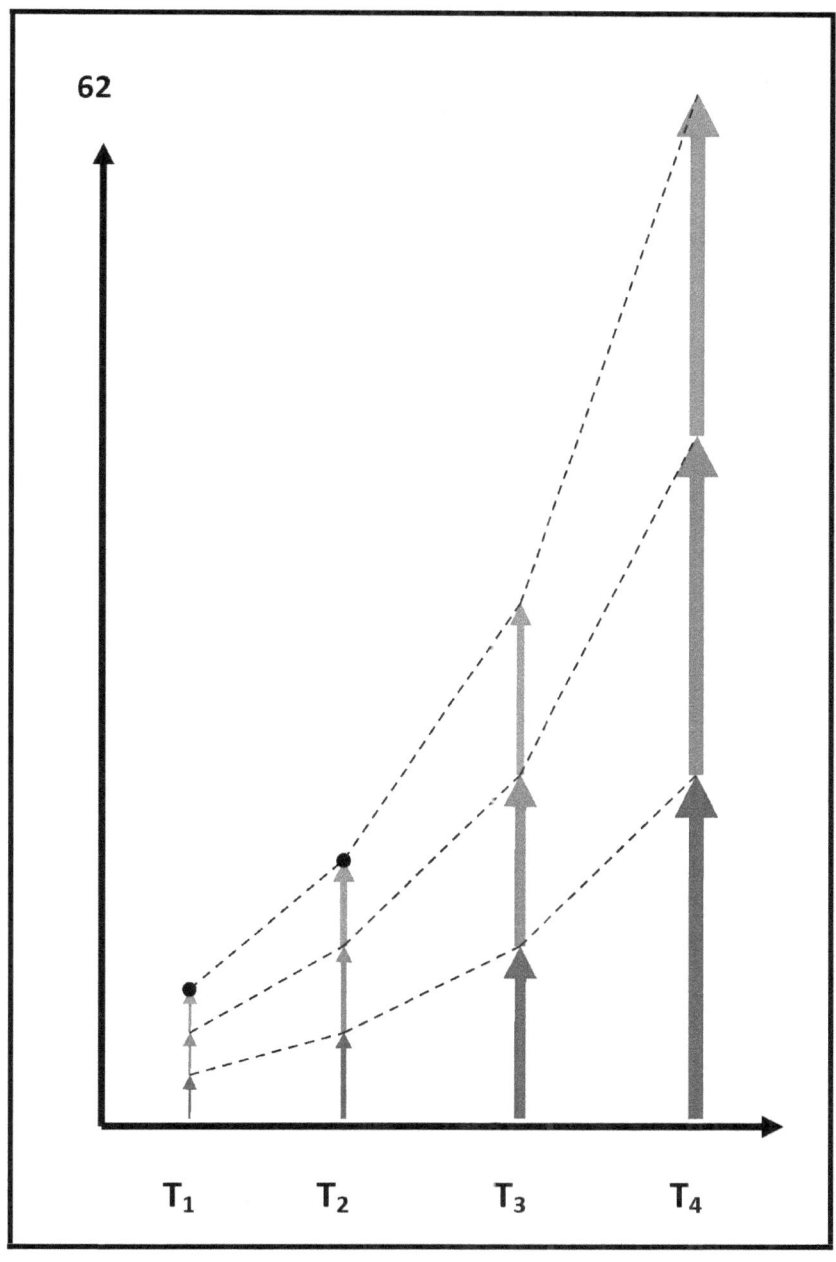

Nella figura 62 è mostrato il grafico della relazione

tra l'aumento delle distanze e l'aumento del tempo. Vengono mostrate quattro distanze, in quattro punti temporali consecutivi.

Il grafico seguente mostra una realtà unidimensionale che ha **un coefficiente di accelerazione crescente** pari a un metro al secondo quadrato. Il tempo di esistenza della realtà unidimensionale è pari a quattro secondi.

Vedere la figura 63.

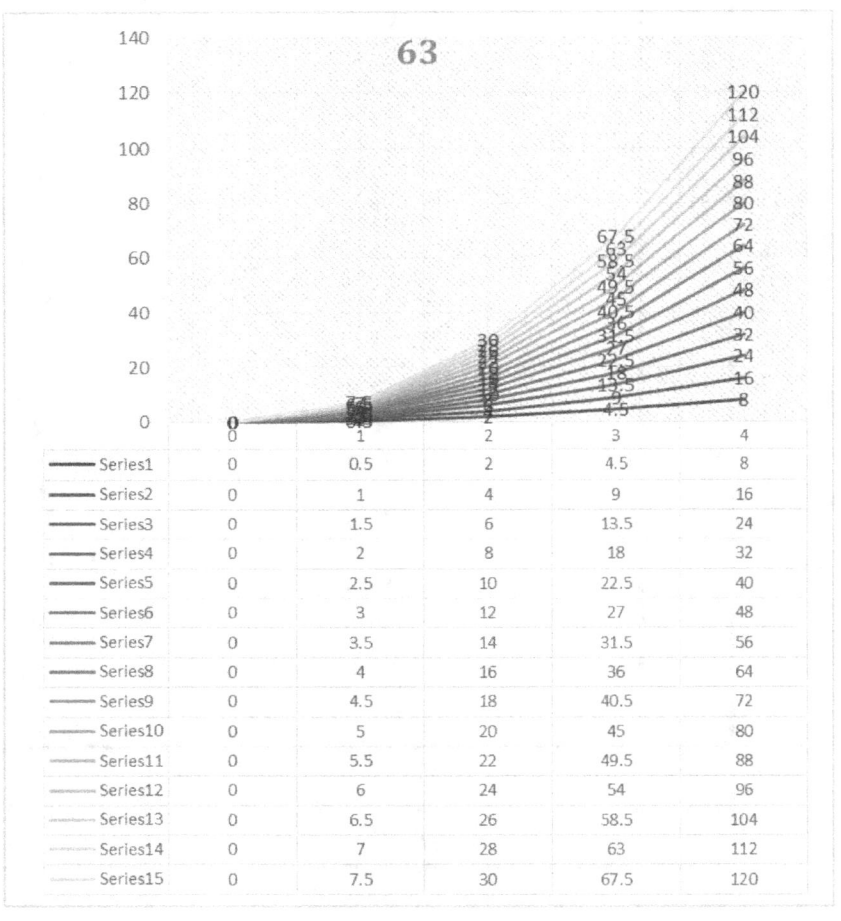

Nella Figura 63 è mostrata una realtà unidimensionale

composta da quindici serie grafiche. La serie grafica mostra l'accelerazione di possibili punti della realtà unidimensionale. Nella realtà unidimensionale sono possibili distanze che si trovano in uno stato di relativa quiete.

Vedere la figura 64.

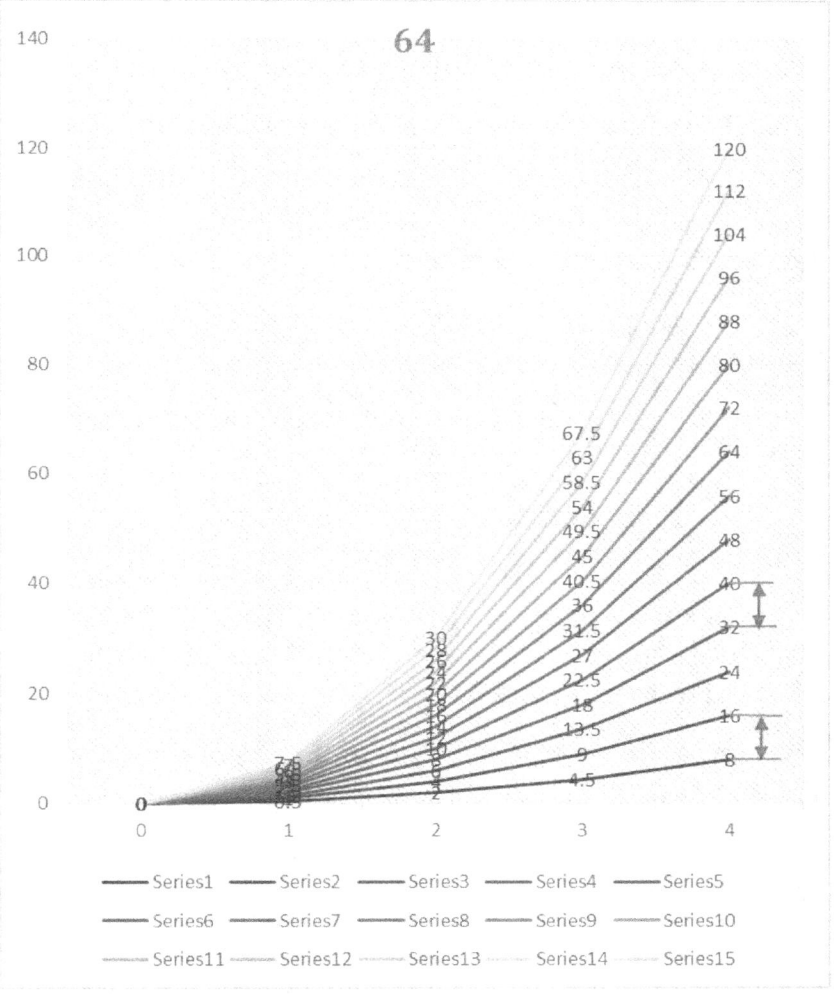

Nella Figura 64 viene mostrata una realtà unidimensionale che ha una durata di quattro secondi.

Sono mostrate quindici serie grafiche. Le raffiche iniziano a zero secondi e terminano a quattro secondi. L'asse orizzontale è il tempo, l'asse verticale è la distanza percorsa.

La prima serie è un grafico che mostra un'accelerazione di un metro al secondo quadrato.

La seconda serie è un grafico che mostra un'accelerazione di due metri al secondo quadrato.

La terza serie mostra un'accelerazione di tre metri al secondo quadrato.

Per ogni serie successiva, lungo l'asse verticale, l'accelerazione è maggiore di un metro.

La serie quindici è al vertice e l'accelerazione è pari a quindici metri al secondo quadrato.

La distanza verticale tra le serie è sempre pari a un metro. Il contatore è uno standard, ma alla fine di ogni secondo successivo ha valori numerici diversi.

Alla fine del quarto secondo, il valore numerico della distanza tra le serie è pari al numero otto.

Osserva il grafico, la freccia rossa e le sottili linee blu. I numeri sono sedici e otto. La differenza tra loro è otto.

Questo otto è una distanza di riferimento di un metro, ed è presente tra tutte le serie, lungo la verticale del quarto secondo. Alla fine del quarto secondo, la differenza tra cifre verticali adiacenti è sempre il numero otto.

Alla fine del terzo secondo, la differenza tra le cifre che si trovano una sopra l'altra, verticalmente, è sempre pari al numero quattro e mezzo. Alla fine del terzo secondo, il numero quattro e mezzo, è uno standard per una distanza pari a un metro.

Alla fine del secondo secondo, il numero due è uno standard per una distanza pari a un metro.

Nella realtà unidimensionale sono possibili corpi fisici che esistono in uno stato di riposo rispetto a se stessi.

Vedere la figura 65.

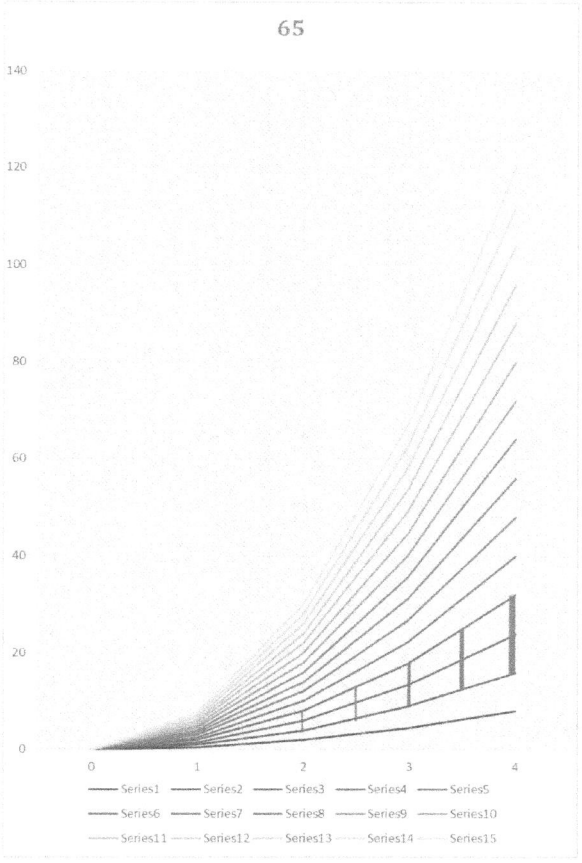

Nella figura 65 è mostrato un corpo lungo due metri che è fermo rispetto a se stesso. Il corpo è mostrato con una linea rossa.

Nella realtà unidimensionale sono possibili corpi fisici che esistono in uno stato di riposo rispetto a se stessi e in uno stato di riposo rispetto agli altri corpi.

Vedere la figura 66.

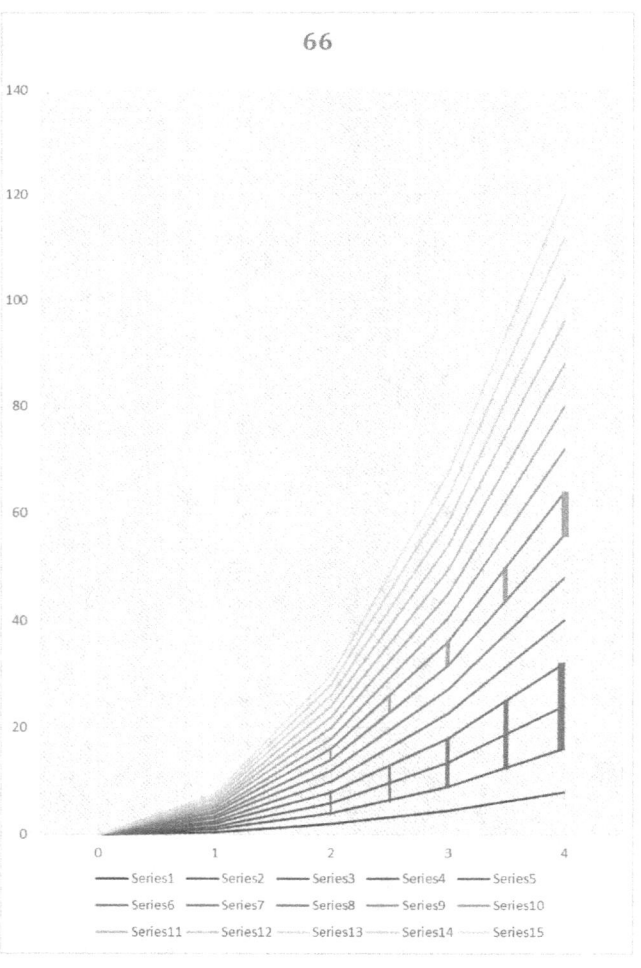

Nella Figura 66 viene mostrata una realtà unidimensionale in cui sono presenti un oggetto verde e un oggetto rosso. L'oggetto rosso è lungo due metri e si trova tra la serie due e la serie quattro. L'oggetto verde è lungo un metro e si trova tra la serie sette e la serie otto. La distanza tra l'oggetto rosso e l'oggetto verde è pari a tre metri. L'oggetto verde è a riposo rispetto a se stesso. L'oggetto rosso è a riposo rispetto a se stesso. L'oggetto rosso e l'oggetto verde sono fermi l'uno rispetto all'altro.

In qualsiasi realtà unidimensionale è possibile eseguire un movimento rettilineo uniforme.

Vedere la figura 67.

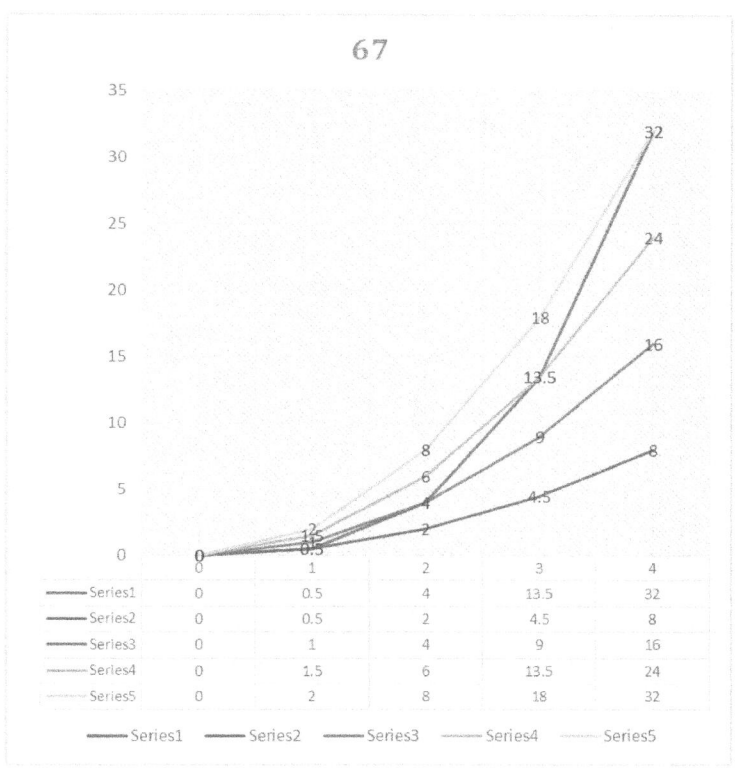

La Figura 67 mostra il movimento rettilineo uniforme di un punto rosso, nella realtà unidimensionale, che ha un coefficiente di accelerazione di un metro al secondo quadrato. Viene mostrata una tabella con i valori numerici della distanza percorsa. Il punto rosso si muove uniformemente in linea retta alla velocità di un metro al secondo.

È possibile spostare punti che si muovono l'uno rispetto all'altro lungo una linea retta uniforme.

Vedere la figura 68.

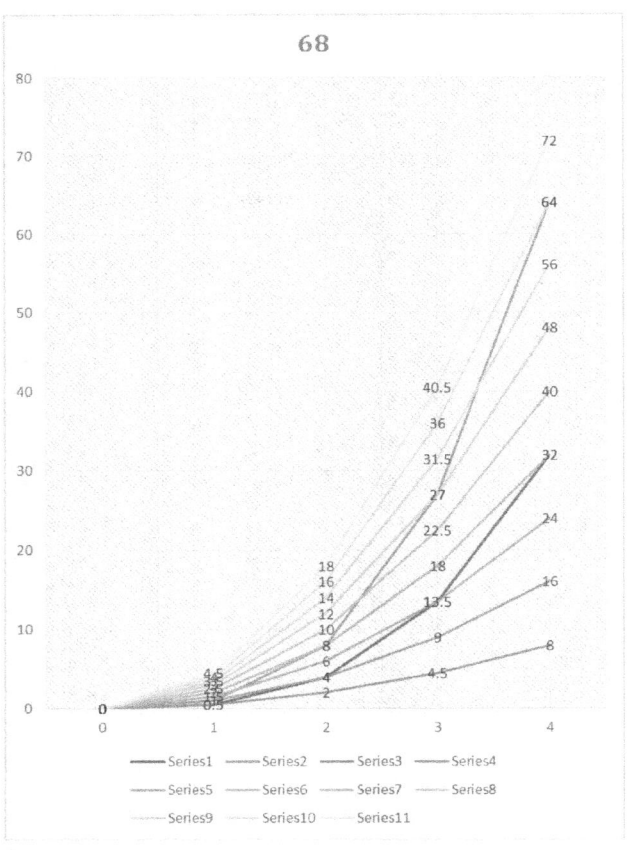

Nella Figura 68 è mostrata la realtà unidimensionale e il movimento rettilineo uniforme di un punto rosso e un punto blu.

Il punto rosso si muove uniformemente in linea retta alla velocità di un metro al secondo, rispetto alla realtà unidimensionale verde.

Il punto blu si muove uniformemente in linea retta ad una velocità di due metri al secondo rispetto alla realtà unidimensionale verde.

Il punto blu si allontana uniformemente da quello rosso in linea retta, alla velocità di un metro al secondo.

È possibile spostare due o più realtà unidimensionali l'una rispetto all'altra.

Vedere la figura 69.

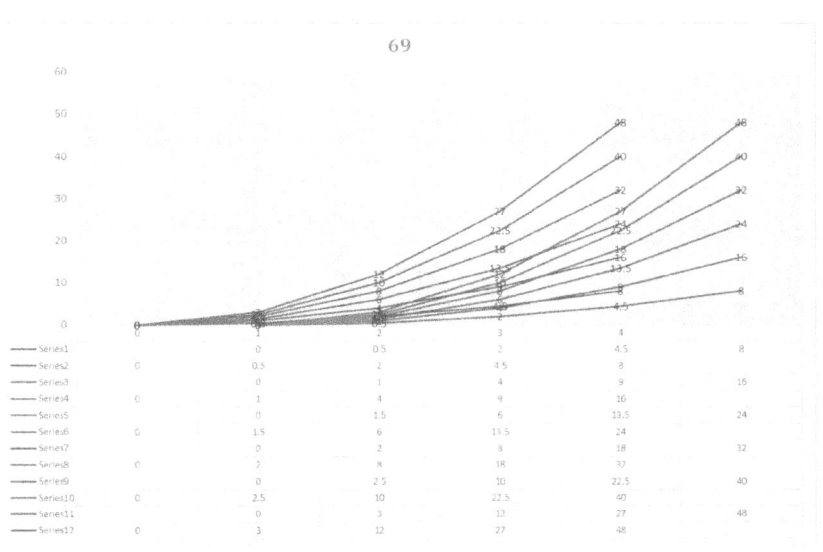

Nella Figura 69, sono mostrate due realtà unidimensionali che si muovono l'una rispetto all'altra, in modo uniforme e in linea retta, alla velocità di un metro al secondo.

La realtà unidimensionale rossa esiste un secondo prima di quella blu.

In una realtà unidimensionale, il movimento con accelerazione di qualsiasi punto è possibile rispetto all'intera realtà unidimensionale.

Vedere la figura 70.

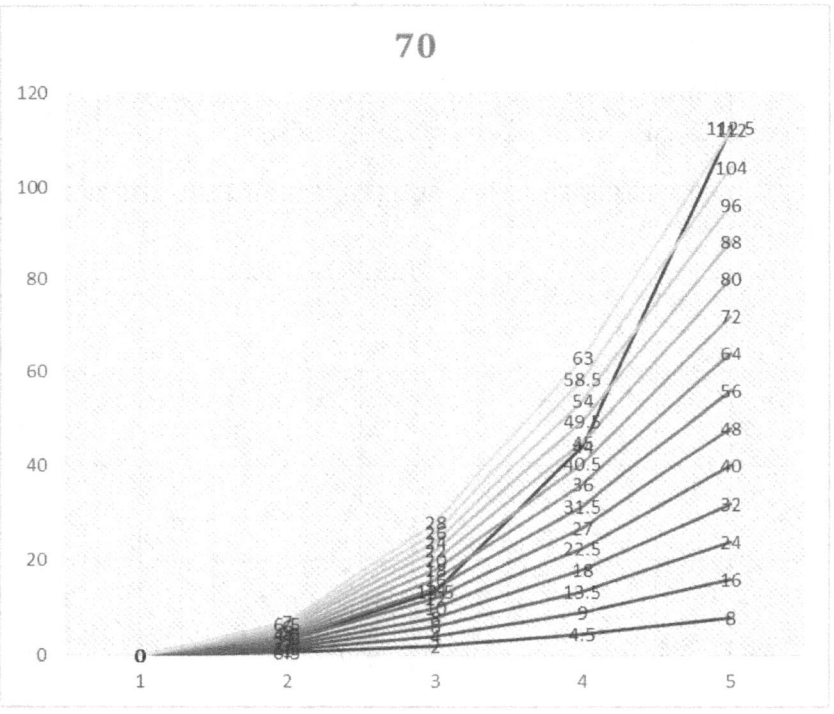

Nella figura 70 è mostrato un punto che si muove con accelerazione rispetto alla realtà unidimensionale. Il punto si muove nella realtà unidimensionale con un'accelerazione di un metro al secondo quadrato.

Nella realtà unidimensionale sono possibili tutti i diversi tipi di movimento.

Vedere la figura 71.

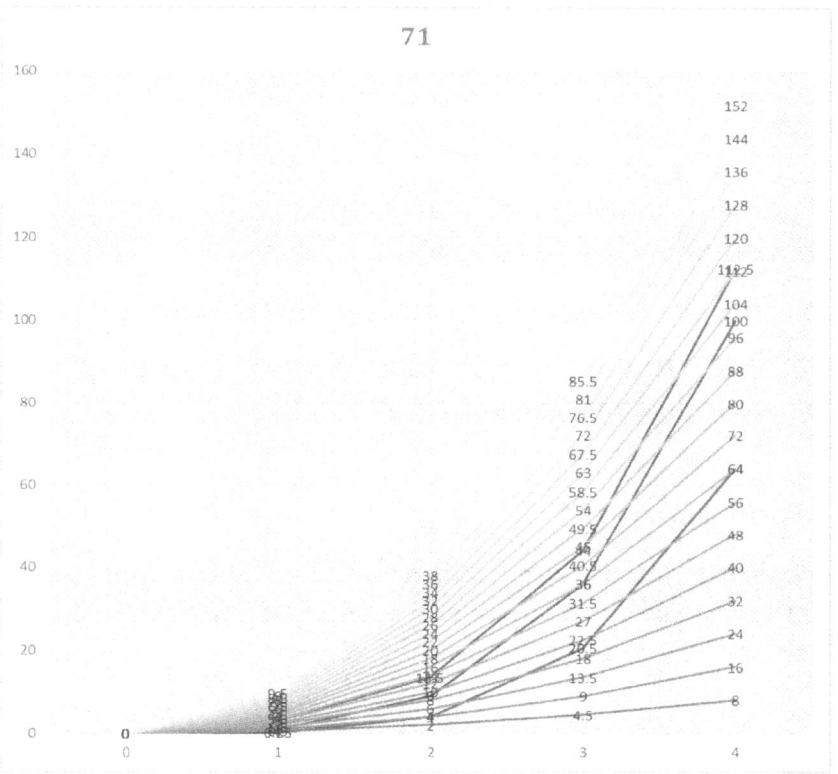

Nella figura 71 sono mostrate una realtà unidimensionale verde, due punti blu e un punto rosso. I due blu sono a riposo l'uno rispetto all'altro e si muovono con accelerazione rispetto alla realtà unidimensionale verde. Il punto rosso si muove con accelerazione rispetto alla realtà verde e si muove uniformemente in linea retta rispetto ai due punti blu.

18. SFORZO. ACCELERAZIONE.

L'aumento delle dimensioni di una Realtà multidimensionale, Una Infinita, avviene con **un'accelerazione sempre crescente**.

in continuo **aumento** è chiamata **accelerazione**.

Nell'Unica Realtà Infinita ci sono fenomeni che sono la prova del Principio di Identificazione.

La prima prova è:

I confini dell'universo osservabile si allontanano dal centro dell'universo osservabile con accelerazione variabile.

Ciò significa che l'accelerazione del confine rispetto al centro aumenta costantemente in modo diverso. Le leggi del cambiamento incrementale sono diverse e le leggi cambiano costantemente. Questi sono i derivati superiori del percorso del tempo. La quantità di derivati superiori è infinitamente grande.

Il centro dell'universo osservabile è il pianeta Terra.

Definizione:

Il confine dell'universo osservabile è un numero infinito **di luoghi** che si allontanano dal pianeta Terra con una **velocità relativa osservabile** pari alla velocità della luce.

Vedere la figura 72.

IL TERZO ERRORE DI EINSTEIN

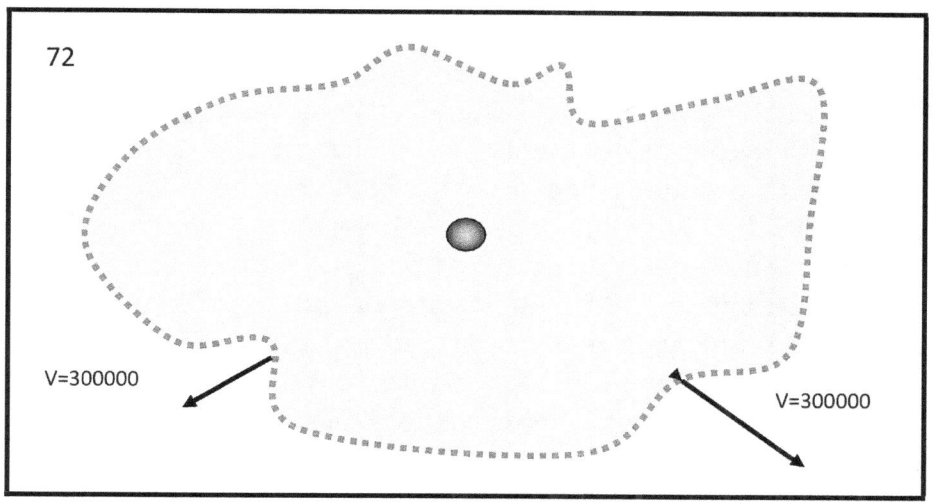

Nella Figura 72 sono mostrati il pianeta Terra, l'universo osservabile e i confini dell'universo osservabile. Il pianeta Terra è la piccola sfera al centro della figura. Il pianeta Terra è il centro dell'universo osservabile. L'universo osservabile è colorato di azzurro. Il confine dell'universo osservabile è mostrato dalla linea rossa tratteggiata. La linea rossa è composta da piccoli quadrati rossi. I quadratini rossi sono **luoghi** nell'universo osservabile. **I luoghi** sono **parti intere** appartenenti **all'intero** universo osservabile. Il concetto di **luogo** sostituisce il concetto di punto. Volutamente non uso il termine punto. Il concetto di punto è un'astrazione matematica. Non ci sono punti nell'universo osservabile. Quando utilizzo il concetto di **luogo**, inserisco il significato e il contenuto che Newton ha utilizzato nei "Principi matematici della fisica".

Gli infiniti **luoghi** che delimitano i confini dell'universo conosciuto soddisfano un'unica condizione necessaria e sufficiente:

Si stanno allontanando dal centro dell'Universo osservabile con **una velocità relativa osservabile**, che è uguale alla velocità della luce, vale a dire trecentomila chilometri al secondo. Il fenomeno **della velocità relativa osservabile** viene utilizzato solo e soltanto come condizione per determinare il limite dell'Universo " **osservabile**" . Gli oggetti fisici che si allontanano a velocità superiori a quella della luce non possono essere osservati utilizzando onde elettromagnetiche che si trovano nel campo ottico osservabile della luce. Il vero movimento assoluto del confine avviene con l'accelerazione. Nel movimento assoluto con accelerazione, c'è un momento in cui la velocità relativa osservabile dell'oggetto fisico, rispetto al centro, è uguale alla velocità della luce. A questo punto, questo oggetto fisico è ai margini dell'universo osservabile. Questa condizione è una tradizione nella scienza della fisica.

Il confine dell'universo **osservabile** non è una sfera. Il confine mostrato nella figura non è un cerchio e non è il vero confine dell'universo osservabile. Questo è un possibile esempio.

La seconda prova è:

In diversi punti sul confine dell'universo osservabile, l'accelerazione $\textcircled{a}$ **sarà diversa** .

Vedere la figura 73.

IL TERZO ERRORE DI EINSTEIN

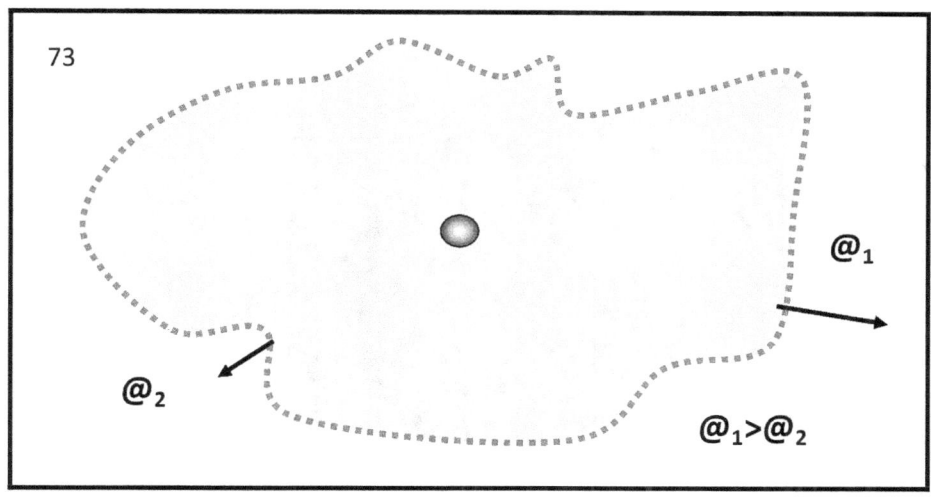

La Figura 73 mostra diverse accelerazioni al confine della realtà osservabile. L'entità dell'accelerazione è relativa al centro dell'universo osservabile. Il centro dell'universo osservabile è il pianeta Terra.

La terza prova è:

Un'asta di lunghezza pari al diametro del pianeta Terra accelererà ad entrambe le estremità con un'accelerazione di nove volte otto metri al secondo quadrato, rispetto al suo punto medio.

In questa condizione, il pianeta Terra e l'asta si troveranno in uno stato di relativo riposo.

Vedere la figura 74.

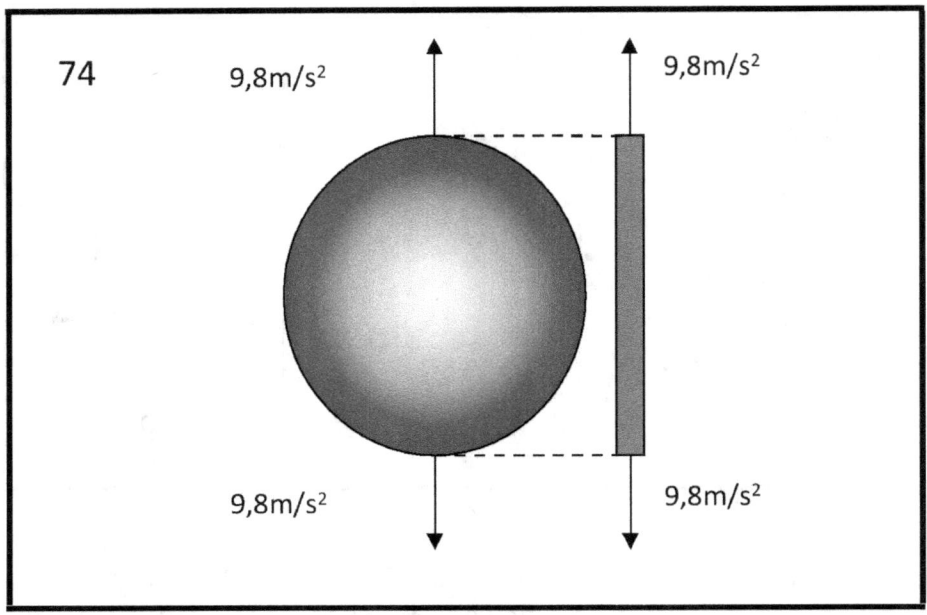

Nella figura 74 sono mostrati il pianeta Terra e un bastone. La lunghezza dell'asta è uguale alla lunghezza del diametro del pianeta Terra. Le due estremità dell'asta si muovono con radice rispetto al centro dell'asta. L'accelerazione è pari a nove interi otto metri al secondo quadrato.

La quarta prova è:

La temperatura al centro dell'asta sarà superiore alla temperatura alle due estremità dell'asta.

Il bastoncino si scalderà al centro.

Vedere la figura 75.

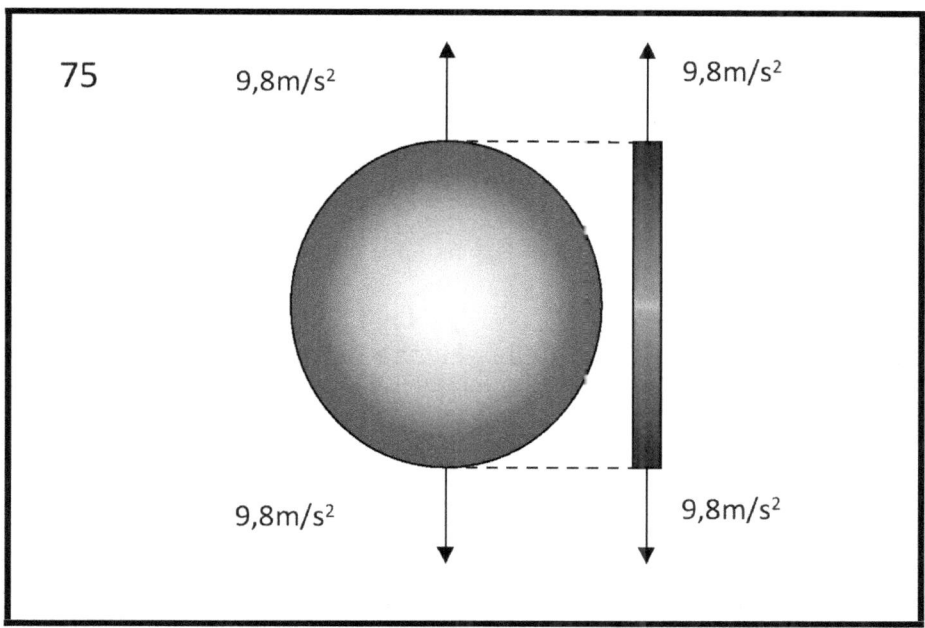

La Figura 75 mostra il pianeta Terra e un bastone. La lunghezza dell'asta è uguale alla lunghezza del diametro del pianeta Terra. La parte centrale del bastoncino è rossa perché la temperatura è alta.

19. CAMPO DI SFORZO. ESSENZA FONDAMENTALE COMUNE DELL'UNICA REALTÀ INFINITA.

Nelle leggi fondamentali della scienza della fisica, definisco due quantità reciprocamente correlate, vale a dire : **accelerazione** e **sforzo**.

L'accelerazione $@$, - è uguale alle derivate superiori del percorso e del tempo, che sono maggiori o uguali a tre.

$$@ = \frac{x}{t^n} \quad \text{......Dove:} \quad n \geq 3$$

Lo sforzo Φ è pari al prodotto della massa del corpo m per l'accelerazione $@$.

$$\Phi = m.@$$

La lettera Φ proviene dall'alfabeto slavo-bulgaro: cirillico.

Nel **campo dello sforzo** ha luogo l'interazione universale tra tutte le parti **dell'intera Realtà Infinita**.

È l'unica connessione universale tra la moltitudine infinita delle singole cose intere, che solo così formano il contenuto del fenomeno dell'intera **Realtà Una Infinita.** Il fenomeno dell'intera **Realtà Infinita è possibilmente riflettebile, attraverso e in uno stato di accelerazione** in continua evoluzione

si manifesta l'essenza relativa del movimento assoluto inerente a **tutta l'Unica Realtà Infinita**

Un'accelerazione in continua evoluzione, appare tra le discontinuità dell'intera **Realtà Infinita**.

Un'accelerazione in costante cambiamento è la causa della comparsa di una **quantità infinita di una qualità** particolare e di una **quantità infinita di qualità** diverse.

La forza è uguale al prodotto della massa dell'intero oggetto per la sua accelerazione.

$$\Phi = m.@$$

Dove:

Con la lettera m segniamo la massa dell'insieme.

Con la lettera $Ф$ dell'alfabeto cirillico slavo-bulgaro segniamo **sforzo**, e con questo concetto denotiamo **una grandezza fisica fondamentale** che è pari al prodotto della massa dell'insieme per l'accelerazione.

Con il segno $ⓐ$ indichiamo *l'accelerazione* e con questo concetto denotiamo **una grandezza fisica fondamentale** che è uguale o maggiore della derivata terza del percorso dal tempo.

$$ⓐ = \frac{x}{t^n} \ldots\ldots n \geq 3$$

In termini di avvenimento storico, la legge dello sforzo, e la sua relazione con l'accelerazione, si colloca tra le prime tre leggi della fisica fondamentale classica. Pertanto, le leggi fondamentali della fisica sono ora quattro.

In termini di fondamentalità e universalità, la legge dello sforzo comprende le prime tre leggi di Newton.

Ciò dà motivo di chiamarla la legge "zero" della scienza della Fisica.

Le ragioni si riducono al fatto che le leggi di Newton definiscono un'interazione di forza quantitativa tra corpi con una massa specifica, **ogni volta , e solo quando , la forza è già manifesta e ha un valore specifico** .

Nel libro "Principi matematici della fisica", Newton usa deliberatamente e regolarmente la terminologia "... **azione di una forza applicata** ...".

L'idea profonda di Newton è che questa forza è apparsa ed esiste già, può essere applicata e agisce quando viene applicata.

Si potrebbe sostenere che la prima legge di Newton non si riferisce all'interazione delle forze reciproche. Se analizziamo attentamente il modo in cui viene definito, arriveremo alla conclusione che ciò non è vero.

La legge afferma:

"Un corpo è in uno stato di riposo, o di moto rettilineo uniforme, quando ad esso non viene applicata alcuna forza."

La legge può essere così formulata:

"Un corpo è in stato di quiete, o di moto rettilineo uniforme, quando agisce su di esso una forza pari a zero."

Qualche lettore potrebbe obiettare che non ha senso parlare di una forza pari a zero, perché significa che non viene applicata alcuna forza. La mia risposta è che è possibile applicare forze uguali in grandezza e opposte in direzione, e quindi il risultato dell'azione è zero.

Pertanto, il movimento inerziale o lo stato di quiete relativa di qualunque cosa particolare è possibile solo quando la somma delle forze agenti su questo corpo è pari a zero.

In altre parole, da un punto di vista filosofico, i concetti di riposo e movimento denotano fenomeni oggettivi strettamente correlati al risultato dell'azione di alcune forze specifiche.

Ne consegue che il punto di partenza, o posizione di partenza, per determinare il fenomeno della quiete e il fenomeno del moto rettilineo uniforme è **il manifesto** azione della forza. Non è un caso che Newton abbia utilizzato il concetto di "azione di una forza applicata".

La seconda legge di Newton indica direttamente l'entità di una forza agente, espressa come il prodotto della massa dell'oggetto e della sua accelerazione.

La legge è così registrata:

$$F = m.a$$

In latino la legge recita così:

> „Mutationem motus proportionalem esse vi motrici impressae et fieri secundum lineam rectam qua visilia imprimitur".

Dal cirillico bulgaro slavo, tramite traduttore elettronico:

"La variazione dell'entità del movimento è proporzionale alla forza motrice applicata e viene effettuata in base al diritto su cui agisce tale forza" .

Può essere espresso come:

Quando una m forza motrice applicata agisce su un corpo dotato di massa F, questo si trova in uno stato di movimento con accelerazione costante a.

Non è necessario fare un'analisi per vedere che la legge indica la quantità della forza quando questa **si è già manifestata** ed ha un valore concreto costante.

La terza legge di Newton scritta in latino:

> „Actioni contrariam semper et aequalem esse reactionem: sive corporum duorum actiones in se mutuo semper esse aequales et in partes contrarias dirigi"

Dal cirillico bulgaro slavo, tramite traduttore elettronico:

"L'azione è sempre uguale e contraria alla controazione, in altre parole, le interazioni di due corpi, uno sull'altro, tra loro, sono uguali e dirette in direzioni opposte."

Detto così si vede che quando un corpo è *colpito* da una forza proveniente da un altro corpo, allora il corpo reagisce con una forza uguale in grandezza e opposta in direzione.

Anche in questo caso notiamo che nella terza legge di Newton si tratta ancora una volta di una forza che si è già **manifestata** e **opera già** con una particolare grandezza costante.

Ci poniamo solo una domanda, ma estremamente importante:

Come **appare** ? l'azione della forza F ?

La nostra risposta, che è il risultato dell'ipotesi del campo di sforzo creata, è:

La quantità di interazione tra le cose appare in un campo di sforzo.

Vedere la Figura 76.

IL TERZO ERRORE DI EINSTEIN

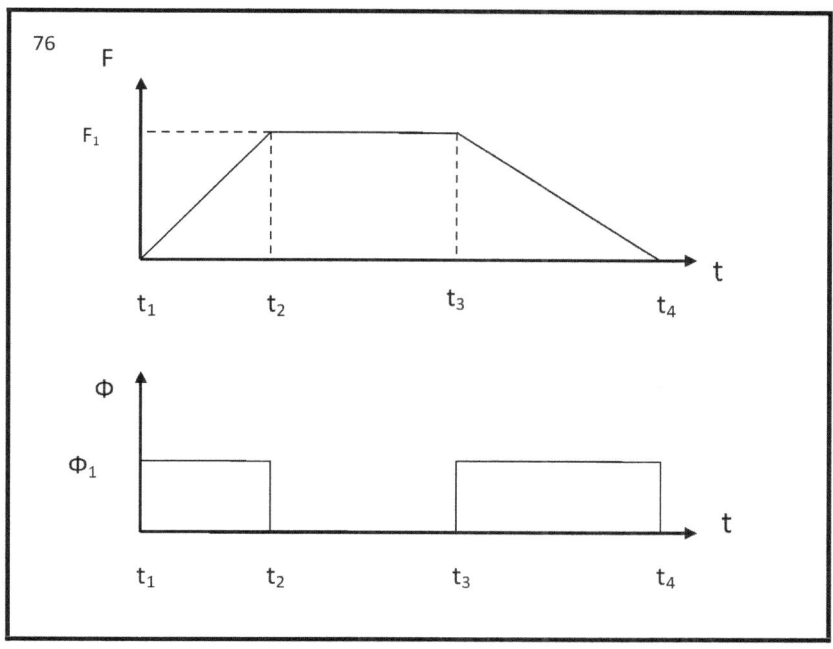

Nella figura 74, è mostrato come, nell'intervallo di tempo $t_2 - t_1$, appare la forza F e come aumenta da zero a un certo valore F_1, vedere il sistema di coordinate sopra.

Nello stesso intervallo di tempo $t_2 - t_1$ si

osserva il fenomeno della forza agente costante Φ_1, mostrato nel sistema di coordinate inferiore.

Nell'intervallo di tempo $t_4 - t_3$, la forza diminuisce da un certo valore F_1 a zero (grafico superiore) e appare nuovamente come una forza agente costante di grandezza Φ_1, che è mostrata sul secondo sistema di coordinate (inferiore).

Ancora una volta dobbiamo sottolineare che le considerazioni così espresse ci danno motivo di dichiarare la legge dello sforzo $\Phi = m.\text{@}$ come la legge "zero" della Fisica, che precede le leggi di Newton.

Come una legge che opera nel fondamento assoluto di **tutta l'Unica Infinita Realtà**.

Come legge, questa è la ragione per la comparsa delle prime tre leggi di Newton.

Come una legge che definisce il **campo di sforzo del fenomeno**.

Come una legge che apre la porta dietro la quale è possibile la creazione di una teoria generale del campo.

Questa legge è essenzialmente un'introduzione alla TEORIA GENERALE DEL CAMPO.

Il termine "**campo di sforzo**" serve a denotare un fenomeno esistente in tutta **l'Unica Realtà Infinita**, la cui essenza ha un carattere fondamentale universale.

È possibile che questo campo fondamentale, ancora fisicamente inspiegato e poco chiaro, possa rivelarsi la base e la chiave per i segreti profondi del Movimento Assoluto e delle sue entità apparenti nella direzione dello Spazio, del Tempo e del modo in cui sono costruiti ed esistono nelle cose reali della Natura.

In termini puramente pratici, la padronanza tecnologica del **campo di sforzo** fornirebbe all'umanità una libertà informativa illimitata per comunicare con **tutta l'Unica Realtà Infinita** e le sue **parti costituenti** in modo assolutamente simultaneo.

Se, tuttavia, questo compito di padronanza tecnologica dell'azione a distanza si rivela il sogno più irraggiungibile, allora l'umanità rimarrà per sempre prigioniera delle limitazioni imposte dal Tempo, dallo Spazio e dal Movimento.

L'ottimismo ispira lo sviluppo moderno della concezione filosofico-fisica della realtà, che fa sperare che ciò non accada.

Queste due nuove quantità - **sforzo e accelerazione** - e il rapporto tra loro ci permettono di rinnovare il contenuto di alcune categorie fondamentali della fisica.

Per esempio:

La forza, definita dalla seconda legge di Newton F, ha un rapporto regolare con l'interazione relativa e la sua essenza quantitativa.

Lo sforzo Φ, esprime la quantità di interazione assoluta.

Massa pesante: la quantità di interruzioni nel continuum.

La massa inerziale – la continuità di immagazzinamento del collegamento tra le rotture.

Tuttavia, queste domande, così come alcuni derivati superiori del percorso temporale, dovrebbero essere oggetto di un'analisi scientifica separata.

20. NEWTON, GRAVITÀ E CAMPO DI SFORZO.

Il principio di uniformità dimostra che la forza di attrazione gravitazionale, come rappresentata da Newton, non esiste. Ciò che Newton chiamava forza di attrazione gravitazionale è un movimento con accelerazione. Il Sole e i pianeti del sistema solare aumentano i loro raggi a velocità diverse. L'aumento dei raggi con diversa accelerazione avviene rispetto al centro del pianeta particolare e al centro del Sole.

Il sistema solare aumenta il suo raggio con l'accelerazione. L'accelerazione della periferia del sistema solare è relativa al centro del sistema solare. Il centro del sistema solare coincide con il centro del Sole.

La legge dell'attrazione gravitazionale di Newton è valida entro i confini del sistema solare. Ma ciò che Newton chiamava attrazione gravitazionale è un movimento di spinta, spinta, con accelerazione.

Il movimento di spinta, spinta con accelerazione, avviene e si realizza nel campo dello sforzo. Si verifica l'accelerazione, che è la ragione della comparsa di una forza di spinta. L'entità della forza di spinta entro i limiti del sistema solare è calcolata dalla legge di attrazione gravitazionale enunciata da Newton. Altrove nell'Unica Realtà Infinita, l'entità della forza repulsiva sarà diversa dalla forza repulsiva che opera entro i confini del sistema solare. Ciò significa che la legge di gravità di Newton sarà diversa.

La quantità di "altre leggi di Newton" nell'Unica Realtà Infinita è infinitamente grande.

La forza di spinta appare nel campo dello sforzo e dipende dalla legge secondo la quale cambia l'accelerazione.

Nell'Unica Realtà Infinita, il numero di possibili leggi con cui viene modificata l'accelerazione è infinitamente grande.

21 TEMPO

Nell'Unica Realtà Infinita esiste il Fenomeno del Tempo. L'essenza del fenomeno temporale è il movimento con crescente accelerazione.

Una proprietà fondamentale del fenomeno tempo è l'irreversibilità integrale.

www.ingramcontent.com/pod-product-compliance
Lightning Source LLC
Chambersburg PA
CBHW050003230526
45465CB00003BB/1233